# LA CONSERVATION DES ÉGLISES DANS LES VILLES-CENTRES

Actes du

*Premier colloque international sur l'Avenir des biens d'Église*

Québec, juin 1997

# LES PARTENAIRES ET LES COMMANDITAIRES DU COLLOQUE

VILLE DE québec

UNIVERSITÉ LAVAL

Patrimoine canadien / Canadian Heritage

Parcs Canada / Parks Canada

Gouvernement du Québec
Ministère de la Culture et des Communications

Hydro Québec

Diocese of Quebec — Diocèse de Québec
ANGLICAN CHURCH OF CANADA — L'EGLISE ANGLICANE DU CANADA

L'Assurance Mutuelle des Fabriques de Québec
A.M.F.Q.

CELAT

The British Council

Ordre des architectes du Québec

COMMISSION DE LA CAPITALE NATIONALE DU QUÉBEC

L'ASSURANCE MUTUELLE DES FABRIQUES DE MONTRÉAL

Fondation du patrimoine religieux du Québec

SÉMINAIRE DE QUÉBEC

CORPORATION DU PATRIMOINE ET DU TOURISME RELIGIEUX DE QUÉBEC

Diocèse de Québec

sous la direction de
Luc Noppen • Lucie K. Morisset • Robert Caron

# LA CONSERVATION DES ÉGLISES DANS LES VILLES-CENTRES

Actes du

*Premier colloque international sur l'Avenir des biens d'Église*

Québec, juin 1997

septentrion

Nous remercions le Conseil des Arts du Canada ainsi que la SODEC de l'aide accordée à notre programme de publication.

Illustration de la page couverture : modélisation de l'église Notre-Dame-de-Grâce (Québec) proposée par l'équipe de Geneviève Giguère et Éric Longchamp, récipiendaire d'une mention au concours de modélisation de la Charrette sur l'*Avenir des biens d'Église*, Québec, 5-7 juin 1997.

Dessin en endos de la couverture et en cours de texte, aux pages 35 et 121 : dessin du clocher de l'église de Cap-Santé, par Pierre d'Anjou, architecte.

Direction : Luc Noppen, Lucie K. Morisset et Robert Caron

Traduction et révision des textes : Micheline Giroux-Aubin

Graphisme et mise en page : Archithème

Numérisation et positionnement des images : Compélec



Dépôt légal - 4e trimestre 1997
Bibliothèque nationale du Québec, Montréal
ISBN 2-89448-098-9



Diffusion Dimedia
539, boulevard Lebeau
Saint-Laurent (Québec)
H4N 1S2

# L'ORGANISATION DU COLLOQUE

Le Premier colloque international sur l'*Avenir des biens d'Église* a été convoqué à Québec les 5 et 6 juin 1997 par M. Jean-Paul L'Allier, maire de la ville de Québec, président de la Communauté urbaine de Québec et président de l'Organisation des villes du patrimoine mondial.

Cette rencontre était organisée par la Ville de Québec en collaboration avec le Centre d'études interdisciplinaires sur les lettres, les arts et les traditions des francophones en Amérique du Nord (CÉLAT) de l'Université Laval.

**Président du colloque :** Jean-Paul L'Allier, maire de la ville de Québec

**Comité d'honneur :** Sheila Copps, Vice-première ministre du Canada et ministre du Patrimoine canadien, Louise Beaudoin, ministre de la Culture et des Communications du Québec, Maurice Couture, archevêque de Québec, A. Bruce Stavert, évêque anglican de Québec, Jacques Desautels, doyen de la Faculté des lettres de l'Université Laval

**Comité-conseil :** François Boissonneault (Diocèse de Québec), Marie Berthe-Bailly (Mission patrimoine religieux), Réal Charest (Centre de développement économique et urbain, Ville de Québec), Jacques Fiset (Conseiller municipal et vice-président du Comité exécutif, Ville de Québec), Sylvain Hénault (Communications et relations extérieures, Ville de Québec), David Mendel (Les Visites culturelles Baillairgé), Michel Soucy (Diocèse de Québec), Denis Vaugeois (historien et éditeur, Éditions du Septentrion)

**Comité d'organisation :** Robert Caron, responsable (Centre de développement économique et urbain, Ville de Québec), Christiane Demers (CÉLAT, Université Laval), Lucie K. Morisset (Études urbaines et touristiques, UQAM et CÉLAT, Université Laval), Denis Patry (Maison François-de-Laval, Québec), Claude Reny (Ministère de la Culture et des Communications)

**Comité scientifique :** Luc Noppen, responsable (École d'architecture et CÉLAT, Université Laval), Robert Caron (Centre de développement économique et urbain, Ville de Québec), Helen Haslam (Fondation du patrimoine religieux du Québec), Lucie K. Morisset (Études urbaines et touristiques, UQAM et CÉLAT, Université Laval), Henriette Thériault (Culture, loisir et vie communautaire, Ville de Québec), Claude Turmel (Diocèse de Montréal)

**Coordination pour la ville de Québec :** Robert Caron (Centre de développement économique et urbain, Ville de Québec)

**Coordination pour l'Université Laval :** Christiane Demers (CÉLAT)

**Relations avec les médias :** François Moisan (Centre de développement économique et urbain, Ville de Québec)

**Protocole :** Monique Jolin et Jeannine Cadrin (Bureau des relations internationales, Ville de Québec)

**Gestion financière :** Normand Gagnon (Centre de développement économique et urbain, Ville de Québec)

**Secrétariat du colloque :** Michèle Duchesneau (Centre de développement économique et urbain, Ville de Québec)

**Comité de la Charrette:** Francine Bégin et Louis-Daniel Brousseau (Centre de développement économique et urbain, Ville de Québec), Vincent Gignac (Comité régional de l'Ordre des architectes du Québec), Denis Lemieux (Ministère de la Culture et des Communications), Pierre Côté (École d'architecture, Université Laval), Luc Noppen (CÉLAT et École d'architecture, Université Laval)

**Coordination de la Charrette:** Vincent Gignac (Comité régional de l'Ordre des architectes du Québec)

**Coordination de l'atelier de modélisation**: Pierre Côté (École d'architecture, Université Laval)

# Avant-propos

Robert Caron
Historien d'art
Centre de développement économique et urbain
Ville de Québec

Responsable du comité d'organisation du colloque

## À l'origine...

Les 5 et 6 juin 1997, la ville de Québec était l'hôte d'un colloque international réunissant trois cents personnes de différents horizons, de différents métiers et professions, toutes cependant préoccupées par une des grandes questions de l'heure qui interpellent notre société, puisqu'il s'agit de patrimoine, d'héritage, d'identité : l'avenir des biens d'Église et plus spécifiquement la conservation des églises dans les villes-centres.

À l'origine de ce colloque, il y eut M. l'abbé Claude Turmel, directeur du Comité de construction et d'art sacré du diocèse de Montréal, et M. Jean-Paul L'Allier, maire de la ville de Québec. Le premier déposa une graine ; le second la fit germer et croître.

En mai 1996, M. L'Allier recevait de l'abbé Turmel copie d'articles, récemment parus dans le journal *The Gazette*, consacrés au patrimoine religieux de Montréal, patrimoine que l'on disait en grande difficulté, sinon en péril. Interviewé à cette occasion, l'abbé Turmel, bien obligeamment, citait Québec en exemple et suggérait à la ville de Montréal d'y prendre modèle. En effet, Québec commandait en 1994 aux historiens de l'architecture Luc Noppen et Lucie K. Morisset une étude exhaustive sur chacun des lieux de culte, présents et disparus, situés sur son territoire. Des dossiers documentaires furent constitués, des fiches analytiques élaborées, un bilan, tant qualitatif que quantitatif, établi. Des critères d'évaluation furent proposés, puis adoptés, et les lieux de culte furent sélectionnés et hiérarchisés en tenant compte de ces critères. Par la suite, en 1995, la Ville de Québec, avec l'appui de l'archidiocèse, se dotait d'un Comité de concertation sur le patrimoine religieux rassemblant des représentants de la Ville, de l'Église catholique, des autres traditions religieuses, des communautés religieuses et du domaine privé. Son mandat principal est de conseiller les autorités diocésaines, religieuses et municipales sur la protection, le devenir et la disposition des biens immobiliers religieux, plus particulièrement les lieux de culte.

*Jacques Desautels, doyen de la Faculté des lettres, lors de la réception offerte par l'Université Laval en clôture du colloque (photo Robert Greffard, Ville de Québec).*

Voilà ce que l'abbé Turmel, très généreusement, avait en tête quand il donnait Québec comme modèle à suivre dans *The Gazette*.

Cependant, pour Québec, c'étaient de premiers pas. La Ville a la connaissance de ses lieux de culte et de leur état. Mais qu'en est-il de leur avenir ? La situation n'y est pas idyllique, tant s'en faut : églises et chapelles déjà fermées ou en voie de l'être, églises en surplus, démolitions possibles ou envisagées.

Ce problème, Québec le partage avec toutes les villes-centres. Il se pose déjà avec acuité dans tous les grands centres urbains et il ne sera qu'exacerbé dans les temps qui viennent.

Le maire Jean-Paul L'Allier trouva le moment propice pour inviter à Québec décideurs municipaux, autorités religieuses et diocésaines, responsables des fabriques, professionnels de l'aménagement, de l'architecture, de l'urbanisme, organismes et personnes intéressés par le patrimoine. Ensemble, ils pourraient faire le point sur le sujet, prendre connaissance d'expériences pratiques menées au pays et à l'étranger, explorer des voies nouvelles et proposer des solutions concrètes assurant la préservation et l'avenir, en tout ou en partie, de ce patrimoine religieux que sont notamment les lieux de culte.

Le Premier colloque international sur l'*Avenir des biens d'Église*, particulièrement dans les villes-centres, convoqué pour juin 1997, était en marche.

*Plus de 300 personnes se sont inscrites au colloque (photo Robert Greffard, Ville de Québec).*

## Merci encore...

Dès le mois de juillet 1996, la Ville de Québec s'associait, à titre de collaborateur privilégié, au Centre d'études interdisciplinaires sur les lettres, les arts et les traditions des francophones en Amérique du Nord (CÉLAT) de l'Université Laval. Deux chercheurs du centre s'engagèrent activement et étroitement dès les débuts, tout en menant de front leurs nombreuses activités professionnelles, et ce, à titre gracieux : M. Luc Noppen devint responsable du comité scientifique — nous lui devons notamment la recherche et la sélection finale des conférenciers dont la qualité fut saluée par tous — ; Mme Lucie K. Morisset s'engagea au sein des comités scientifique et coordinateur. Le CÉLAT dégagea également son coordonnateur scientifique, Mme Christiane Demers, afin de collaborer à l'organisation du colloque. Enfin, sans la collaboration efficace de Mme Micheline Giroux-Aubin, tant pour la traduction que la révision des textes, cet ouvrage n'aurait vu le jour.

Leur apport fut inestimable.

Nous aimerions également souligner la généreuse et bénévole contribution, au moment de la tenue du colloque, du pétillant, coloré et néanmoins ferme maître de cérémonie, M^e Graham Hay, et des présidents d'atelier, MM. Guy Mercier et Philippe Dubé, professeurs à l'Université Laval et chercheurs au CÉLAT.

Merci aux membres des divers comités : comité d'honneur, comité-conseil, comité scientifique, comité coordinateur. Qu'il nous soit permis de saluer les Ginette Noël, Jeannine Cadrin, Michèle Duchesneau, Christine d'Anjou, Claude Reny, Denis Patry, François Moisan, Normand Gagnon, Vincent Gignac et Pierre Côté pour leur contribution enthousiaste. Merci à nos partenaires et à nos commanditaires pour leur généreuse contribution financière. Merci aux conférencières et aux conférenciers d'avoir partagé leur savoir et leurs expériences tant québécoises et canadiennes qu'étasuniennes et anglaises.

Toute notre gratitude enfin au maire de Québec, M. Jean-Paul L'Allier ; à son appel se sont établis des contacts, s'est créé un réseau, se sont engagées des discussions qui permettent d'entrevoir un réel avenir aux biens d'Église.

Le Premier colloque international sur l'*Avenir des biens d'Église*, explorant le thème de la conservation des églises dans les villes-centres fut, de l'avis unanime, un franc succès. Nous devons maintenant nous employer à y donner suite.

# Des lieux de culte en héritage ?[1]

LUC NOPPEN
Professeur à l'École d'architecture
Chercheur au CÉLAT, Université Laval

LUCIE K. MORISSET
Professeure au Département d'études urbaines et touristiques, UQAM
Chercheure au CÉLAT, Université Laval

Responsables du programme scientifique du colloque

Nul besoin d'oracle pour prévoir ceci : selon toute vraisemblance, la désaffectation des églises ira grandissante. La diminution du nombre des pratiquants (de quatre-vingts pour cent en 1960 à huit pour cent aujourd'hui, chez les catholiques[2]) et la multiplication des pratiques ne sont pas les uniques responsables : dans les villes-centres, où furent construits les temples au sort désormais incertain, la population continue de décroître. Mais même l'endiguement de cette hémorragie — en supposant que la lutte contre l'étalement urbain y parvienne — affecterait peu les lieux de culte : de fait le personnel desservant s'éteint lui aussi à mesure que, vieillissant, il ne trouve plus ressourcement dans des séminaires de plus en plus vides. Au Québec, trente-cinq pour cent des prêtres diocésains ont plus de soixante-dix ans ; seul sept d'entre eux, en 1996, avaient moins de trente ans. Les séminaires se vident plus vite que les églises : les quatorze mille trois cent soixante-cinq séminaristes nord-américains de 1970 ne sont plus aujourd'hui que cinq mille six cent quatre-vingt-douze. Le séminaire de Québec, en 1995, n'a reçu aucun nouvel inscrit. À Québec et à Montréal, on compte à l'heure actuelle un nombre grandissant de lieux de culte qui n'ont plus de desservant résidant, faute de relève. Ni ponctuelle, ni temporaire, la conjoncture est manifestement structurelle : à ce rythme, on peut facilement supposer que le Québec ne comptera plus une seule église paroissiale dans vingt ans ; d'ailleurs, même renouvelée, l'Église catholique n'aurait que faire de ses églises actuelles. Qu'adviendra-t-il alors des bâtiments ?

À certains, le problème peut paraître d'ordre strictement architectural. Un peu d'entretien, quelques reconversions, et on peut imaginer qu'à l'aube de l'an 2000 les églises auront trouvé une nouvelle façon, cultuelle ou non, d'exister. Il s'agira certes, parfois, de réviser la structure ecclésiale qui prévaut actuellement à ce dysfonctionnement ; on peut semblablement croire que d'autres lieux trouveront

*La démolition des ruines de l'église Holy Trinity, au coin des rues Sherbrooke et Saint-Laurent, Montréal, 8 avril 1997. Peu d'images frappent autant que celle d'une pelle mécanique sur un mur d'église... (photo La Presse).*

une vocation nouvelle qui assurera leur pérennité. Interviendra ensuite l'Architecture, et la magie du design métamorphosera le culte en culture : recyclées, réincarnées, les églises sauvées seront monuments.

## UNE ÉQUATION À TROIS VARIABLES

La réalité est autrement plus complexe. D'une part, il est évident que la désaffectation des lieux de culte n'est pas corollaire de la désaffection des églises et que les crises se multiplieront, tentant de préserver les biens d'Église au nom de quelque collectivité. Il est moins certain, d'autre part, que le modèle église / désaffectée / réaffectée / architecture contienne en soi une solution systématique. En d'autres mots, quoique l'opinion publique favorise actuellement la sauvegarde des églises, et quoique le Québec entier soit maintenant en chantier sur la base de ce postulat, nulle vision, nulle structure, nul choix fondé, sinon à la pièce, ne président aux conservations, aux démolitions, aux conversions en cours.

Ce n'est sans doute pas une coïncidence si les manchettes relatives à la conservation des biens d'Église côtoient de plus en plus d'articles sur le tourisme dit « religieux », comme à la recherche d'une solution finale, d'une porte de sortie qu'emprunteraient tous ces monuments potentiels en mal d'avenir. Cependant, en marge des préoccupations collectives que les quotidiens révèlent, cette sorte de tradition déterministe de la conservation associant l'État, la culture et la volonté d'initiés de préserver ce qui semble autrement désuet résulte généralement en des solutions tout aussi traditionnelles : peut-on réellement espérer léguer quelques milliers de lieux de culte recyclés en bibliothèques ou en centres d'interprétation ?

Nous postulons malgré tout qu'il y a héritage à conserver. Mais tout se passe comme si l'héritage était sans héritiers : à ce jour, sur la base de choix de conservation assez peu étayés, chaque sauvegarde, chaque reconversion, chaque survie, chaque financement est le fait d'une dernière instance, de ressourcements à la pièce qui s'essoufflent irrémédiablement. En fait, si quelques cas sont exemplaires de solutions imaginatives, qui ont permis la préservation de quelques monuments au-delà de la disparition des légataires, la conversion des églises ne représente qu'une part infime des enjeux de leur éventuelle conservation. Le problème est manifestement antérieur à la conversion des lieux de culte en lieux de culture, et antérieur au geste architectural, bien qu'il en soit l'ultime détermination ; il apparaît que l'avenir des biens d'Église en appelle à une réflexion globale, tous monuments, toutes confessions, tous lieux confondus.

Posé ainsi, le problème de l'avenir des biens d'Église tient à trois questions : que conserver, comment le conserver, et qui le conservera. Il s'agit là d'une équation à trois variables, fort complexe de surcroît : la valeur culturelle du patrimoine identifié influe évidemment sur les moyens mis en œuvre pour le conserver, qui sont déterminants quant aux responsables de cette conservation ; semblablement, d'éventuels nouveaux propriétaires ne seront pas indifférents à l'identité culturelle du patrimoine qu'ils prennent en charge ; bref, le patrimoine, l'économie et les partenaires qui sous-tendent l'avenir des biens d'Église restent à être imaginés.

## Le patrimoine

Il est de fait impossible de tout conserver. La désaffectation des lieux de culte ne crée pas nécessairement des monuments spontanés, dont tous conviendraient : certaines églises sont porteuses de significations pour des individus qui y ont vécu des expériences personnelles, certaines évoquent quelque histoire, stimulent l'imaginaire collectif d'un groupe donné ; d'autres structurent physiquement un quartier, une portion de ville ; d'autres encore se révèlent des œuvres d'art, aux yeux de tous ou de quelques initiés.

Ne serait-ce qu'en vertu d'une telle teneur objectale, plusieurs lieux de culte semblent promis à la culture[3]. Certains des bâtiments pourront ne plus servir que comme monuments, tels Notre-Dame de Montréal, ou Notre-Dame-des-Victoires à Québec, où, aujourd'hui, les cérémonies religieuses tiennent plutôt rôle de figuration de la mise en patrimoine du lieu de culte. La situation paraît idéale ; mais il faudra tout de même choisir puisque, aux côtés des bâtiments favorisés par

*L'église Notre-Dame-du-Chemin à Québec, fermée au culte en décembre 1996 en raison du coût des travaux de réfection de ses murs, jugé prohibitif par les paroissiens (photo Renée Méthot, Centre de production multimédia, Université Laval).*

un tel choix, d'autres seront voués à la démolition. Or ce serait une erreur d'appuyer un tel choix sur la seule liste des monuments classés à ce jour. En effet, au vu des critères actuels, certains de ces monuments pourraient sembler moins « pertinents » que d'autres qui ne seraient pas classés. Surtout, l'échantillon des églises classées n'est nullement représentatif de la richesse et de la diversité du patrimoine ecclésial : les bâtiments modernes, pour n'évoquer que ceux-là, en sont exclus et peu de confessions y sont présentes[4]. La liste des monuments religieux du Québec, bien amorcée jusque dans les années soixante, a été délaissée au profit de monuments « civils », au rythme de la désaffection de l'Église. Cette émancipation ne repose plus nécessairement sur le paysage architectural ; il serait donc pertinent de réviser cette liste des monuments, dans le contexte nouveau et selon des critères actuels, de façon à ce qu'elle soit véritablement représentative du patrimoine que nous voulons pour culture.

Puis, parmi les monuments que la collectivité choisira ainsi de conserver en vertu de leur intérêt national (les autres seront laissés entre les mains de qui les choisira) certains, peut-être, demeureront des lieux de culte ; la plupart, comme nous l'esquissions, risquent plutôt de changer de statut. En cette voie, le Québec paraît avoir fait le plein des solutions « évidentes » : une église devient facilement une bibliothèque, un musée, une salle de concert ; patrimoine ou non, toutes les églises ne peuvent pas ainsi devenir dépendantes des deniers publics et génératrices, de surcroît, de dépenses récurrentes importantes. De nouvelles solutions peuvent certes être exploitées : ainsi la reconversion d'églises en garderies et en maternelles, tentée aux Pays-Bas, serait peut-être judicieuse à l'heure où, de ce côté de l'océan, la politique de l'Éducation crée de nouveaux besoins en ce sens. Dans quelques cas, une telle solution serait à tout le moins acceptable, de même que d'autres le seraient aussi, dans d'autres cas. Mais la collectivité concernée par cette quête de patrimoine accepterait-elle qu'une église devienne un garage ? une brasserie bavaroise ? un salon de massage ? un sauna ?

En amont de la question de la propriété, c'est dire que, même dans le cas où certaines églises « écartées de la liste » ne disparaîtraient pas, supposer l'accession de lieux de culte au titre de patrimoine culturel exige une sélection contingente, à la mesure de l'éventail des solutions « patrimoniales » : il est à l'évidence des destinations dans lesquelles les églises-patrimoines perdront leur identité. Contrairement à ce que la rectitude politique indiquerait, il faut donc, effectivement, choisir. « L'irrépressible envie de vouloir tout garder » que dénonçait Pierre-Yves Balut[5] ne consacrera que le *statu quo* : une collectivité devant un nœud, liant l'ensemble enchevêtré des biens d'Église à son inéluctable et synchronique extinction.

Une vision élargie permettra de tels choix qui sauront sélectionner, au sein du parc immobilier actuel, les dignes monuments du legs à constituer. La France, à ce chapitre de la construction du patrimoine (mais surtout pas aux chapitres de l'économie et du partenariat) peut servir d'exemple : nul n'y a souvenir des églises disparues, puisque les monuments restants, préservés, amoureusement entretenus, soigneusement mis en valeur, mis en tourisme, diffusés et reconnus, suffisent désormais à présenter une image complète et satisfaisante de la richesse culturelle dont ils se font les porteurs. Trancher le nœud gordien, en matière de patrimoine, c'est effectuer un tel choix qui permettra de concentrer l'énergie à la création d'un héritage dans lequel se reconnaîtra la collectivité.

## L'économie

Une fois choisis, les monuments du patrimoine en question resteront encore sans ressources. Ni les quelque dix millions issus du programme des infrastructures du gouvernement fédéral, ni les trente-cinq millions annoncés par le ministère de la Culture et des Communications « pour sauver les églises » ne suffisent à l'heure actuelle à réchapper les églises dites « admissibles » ; il n'est guère probable que de nouveaux fonds publics apparaissent pour préserver celles, même en nombre moins grand, qu'un choix patrimonial intelligent aura sélectionné. Et à trois cent mille dollars pour le remplacement d'un toit, bien peu d'institutions ecclésiales, s'il en reste, trouveront le crédit nécessaire à garder leur bâtiment hors d'eau.

*L'église Saint-Cœur-de-Marie à Québec, mise en vente en raison de la décision du diocèse de n'y plus affecter un desservant (photo Renée Méthot, Centre de production multimédia, Université Laval).*

Cela dit, il faut constater que ni les dépenses engagées, ni les moyens de financement existants ne s'accordent avec quelque idée de « conservation patrimoniale ». Est-il bien normal, ainsi, que les fonds investis par le ministère de la Culture et des Communications — et gérés par la Fondation du patrimoine religieux du Québec — soient réservés aux églises qui gardent fonction de lieu de culte ?

Les paroisses catholiques, dont les biens constituent évidemment une part importante du parc dont l'avenir est ici en question, présentent un curieux exemple de principes de gestion qu'il importerait peut-être de réviser. Lorsqu'une telle paroisse ferme, en vertu de la Loi des fabriques, ses actifs sont, comme ses paroissiens, transférés à une paroisse voisine. Ce qui signifie que, dans la course à l'assainissement des finances (affaire d'Églises comme affaire d'État), fermer une paroisse est, économiquement, ce qu'il convient d'appeler une « bonne affaire ». Cependant, la conjugaison des déficits paroissiaux et de la raréfaction des desservants entraîne aussi la fermeture de paroisses « riches », dont les économies pallient dès lors les manques à gagner ailleurs. C'est le cas, par exemple, de Saint-Cœur-de-Marie, à Québec, dont l'église a été mise en vente en février 1997.

En effet, dans un cas comme dans l'autre, ce système de transfert encourage la vente de l'église. Or, à l'évidence, le revenu de telle vente ne sert pas au maintien de l'éventuel monument ; pire encore, le profit est réalisé au détriment du bâtiment et de la collectivité qu'il desservait, responsable (depuis sa construction jusqu'à sa vente) de son financement. Il ne s'agit pas là que des paroissiens : la seule parcelle sur laquelle s'érige l'église a souvent été donnée par la Ville ou par quelque seigneur, ou acquise grâce aux dons (collectifs) amassés pour la construction. Puis, les paroissiens responsables de l'entretien de l'église, alors que l'adhésion au culte n'appartenait pas au libre arbitre, formaient la très large majorité de la collectivité soumise à l'*Established Church* ; enfin, ni l'église, ni ses dépendances n'ont été soumises au rôle municipal. Il est donc pour le moins curieux, dans ce contexte, qu'un Conseil de fabrique de trois marguilliers dispose des biens appartenant de fait à quelques milliers de personnes.

Soyons clairs : il ne s'agit pas de nationaliser les biens d'Église, mais bien de reconnaître la destination collective de quelques-uns d'entre eux, ce qui, par exemple, distingue tout à fait les églises paroissiales des bâtiments conventuels, maisons des communautés religieuses qui les habitent et qui les ont construites.

Quant aux églises toutefois, il faut constater que, sous cet angle, leur vente au profit d'une paroisse voisine est au demeurant « anti-patrimoniale ». C'est d'autant plus vrai que, si des cas exceptionnels appelaient autrefois à de telles situations exceptionnelles, les centaines d'églises qui inonderont bientôt le marché se solderont pour peu ou pour rien. Les coûts d'entretien et de restauration à l'origine même de la désaffectation seront augmentés par des taxes municipales, dont le bâtiment converti ne sera plus exempt. Dans la mesure où la valeur marchande d'une église, traitée ainsi comme un autre bâtiment, équivaut à la différence entre le coût de son terrain (d'autant plus élevé qu'il est au cœur d'une ville-centre) et celui de la démolition de l'édifice, sans doute est-il plus logique, économiquement, de débâtir l'église et d'en brader les pièces à la ferraille.

## Les partenaires

Selon toute apparence, les églises, *a fortiori* celles que l'on aura choisies au titre de « patrimoine », sont le bien d'une collectivité plus nombreuse que les conseils restreints qui décident actuellement de leur sort. Ce constat n'apporte malheureusement aucune solution à la mise en vente des églises et au transfert des actifs de paroisse en paroisse : si la préservation des bâtiments, dès lors, ressortit à l'investissement de fonds publics pour acquérir et sauvegarder l'église, la « réappropriation » collective du patrimoine requiert ni plus, ni moins, que les mêmes contribuables soient appelés à financer l'église en question pour la seconde fois. Ceci pendant que le profit de la vente ne servirait qu'à la consolidation de l'Église qui, même de taille réduite, finira par être riche ; les biens d'Église, quant à eux, seront sans doute remplacés par des parcs de stationnement.

*La chapelle du collège de Lévis, récemment réaménagée en bibliothèque municipale, fonction qui s'y épanouit et qui de surcroît permet la conservation presque intégrale du bâtiment (photo Renée Méthot, Centre de production multimédia, Université Laval).*

Il convient donc de trouver de nouveaux partenaires dans cette aventure du patrimoine religieux. L'expérience acquise en matière de reconversion — si, encore une fois, elle est considérée autrement qu'à la pièce — peut à ce titre servir. On connaît, par exemple, la faible performance économique des églises recyclées en logements qui, une fois passé l'engouement d'habiter quelque trésor patrimonial, sont désaffectés du fait de leur coût exorbitant et de leur manque de confort. Bien peu de monuments historiques aussi contraignants que des églises seront un jour plus rentables et plus fonctionnels que des bâtiments neufs, érigés à moindre coût que nombre de restaurations ; aussi les choix d'économies mixtes, de partenariats entre les secteurs publics et privés, paraissent-ils, à cette heure, les plus judicieux.

Il est donc pratiquement inévitable qu'une instance publique (dans la mesure où elle servira alors la collectivité) prenne la relève des structures actuelles dans la gestion des biens d'Église. Le seul exemple de la gestion (par les diocèses) des églises hors Québec, plus saine que celle issue de la structure paroissiale que nous connaissons, démontre la pertinence d'un organisme décideur qui transcende les intérêts particuliers et les querelles de clochers. En cette voie, il apparaît incontournable que les maîtres d'œuvre des solutions de partenariat seront les municipalités, où les églises occupent souvent un rôle structurant encore plus fort que celui de l'hôtel de ville. Puis, il semble bien que la fonction communautaire des bâtiments perdurera ; mais la nouvelle économie sociale tant espérée ne devrait pas décourager le nécessaire partenariat avec le secteur privé. C'est dire que les églises, au-delà de leur propre conservation, pourraient devenir le fer de lance de la réhabilitation des quartiers centraux. En ce sens, l'objectif ne devrait pas être de reconvertir les églises, mais plutôt de les réanimer, créant dans ces bâtiments, et autour d'eux, une activité influant sur l'animation périphérique.

Puis, comme il convient de choisir les monuments avant d'investir dans la conservation de quelques-uns d'entre eux, il importe d'aménager le paysage de l'avenir des biens d'Église avant que puissent être identifiés les partenaires. Ceci signifie qu'il faut mettre en place des procédures, des façons de faire et recourir à des points de vue qui fassent place à une coopération viable pour l'entreprise privée. Il faut, par exemple, réfléchir au Code du bâtiment (à la mise aux normes qui disqualifie actuellement les bâtiments historiques à toute reconversion économiquement viable), assouplir le poids des taxes municipales (une paroisse qui louerait tout à coup une partie de sa nef devrait-elle se trouver, du jour au lendemain, avec un compte passant de zéro à plusieurs milliers de dollars ?), revoir la réglementation du travail pour les ouvriers concernés par l'entretien préventif des églises, au lieu de systématiquement constituer de grands chantiers de restauration (un sacristain a-t-il vraiment besoin d'une carte de compétence pour replâtrer un mur du monument ?), faciliter une conservation intelligente (la collaboration à la sauvegarde des biens d'Église ne devrait pas être une charge excessive pour l'entreprise privée). Les nouveaux exploitants ne devraient pas défrayer à eux seuls la collectivité de sa soif d'héritage, pas plus que les seuls fidèles d'une paroisse.

## Entre le lieu de culte et le lieu de culture : l'avenir

À l'évidence, cette situation de la désaffectation des lieux de culte dans les villes-centres, contrairement à ce que certains auraient pu croire, ne se résoudra pas à la pièce. Peut-être la position historique d'une Église établie gérant unilatéralement ce parc immobilier conditionne-t-elle, d'une certaine façon, la nécessité de considérer aujourd'hui le problème dans sa globalité, d'évaluer l'avenir des biens d'Église comme un système interrelié, comme cette équation à trois variables que nous avons proposée.

En d'autres mots, l'éclatement des Églises qui met en jeu l'avenir de leurs biens ne devrait pas conditionner l'éclatement du problème et la dispersion de sa résolution. Il paraît clair, en ce sens, que la gestion de l'avenir des biens d'Église appelle *sine qua non* à la mise sur pied d'une structure intermédiaire, entre le lieu de culte actif et le bâtiment converti ; l'exemple du *Churches Conservation Trust* de la Grande-Bretagne démontre la pertinence d'un tel organisme, prenant en charge l'église désaffectée avec le mandat d'en disposer dans le meilleur intérêt de la collectivité et de la conservation du monument.

La Fondation du patrimoine religieux du Québec pourrait-elle assumer ce rôle ? Les fonds confiés par l'État, destinés à préserver l'actif en attente de nouveaux partenaires, ne devraient cependant pas, comme c'est actuellement le cas, évacuer tout autre avenir que celui du culte. Il paraît évident que, de même que ledit « patrimoine », les fonds investis par l'État doivent servir la collectivité ; c'est dire, aussi, que les monuments « admissibles » devraient n'être que ceux classés par le gouvernement provincial, ou cités par les municipalités, de façon à ce que la gestion des fonds pour la conservation, à tout le moins, s'arrime à la Loi sur les biens culturels. La Fondation du patrimoine religieux cultuel et culturel du Québec, structure bicéphale où se rencontreraient religieux et laïcs engagés dans la conservation, pourrait alors véritablement garantir la pérennité des églises, en acquérant l'expertise qui manque cruellement à la gestion actuelle du transfert du patrimoine religieux, en amont même des choix de conservation. Elle pourrait, par exemple : décréter qu'une église désaffectée ne peut être démolie pendant les cinq années suivant sa désaffectation ; et s'assurer que les actifs des églises restent dans le réseau auquel ils ont été destinés, ce qui serait déjà garant d'une vision juste, collective, sensible envers l'héritage ecclésial. Semblablement, subventionner la préparation de plans stratégiques mettrait temps et argent au service de solutions de rechange, au lieu des actuels chantiers spontanés, dont l'ampleur seule conditionne les honoraires professionnels.

Bien sûr, côtoyant celui de l'État, l'argent catholique, ou celui d'autres confessions, deviendrait en quelque sorte laïc ; mais au lieu (au pire) de servir la construction de quelque *god shack* en banlieue, il nourrirait l'avenir des biens d'Église dans les villes-centres. Ce qui n'est certes pas étranger à la destination originelle, communautaire, de chacun des monuments. L'équation serait complète : un patrimoine, une économie, des partenaires = un avenir.

Car il faudra bien de toute façon choisir quels patrimoines, choisir quels partenaires et surtout choisir, du lieu ou du culte, lequel doit être privilégié par une collectivité de plus en plus éclatée, qui gagnerait certainement en de nouveaux monuments, et dans l'œuvre de design des architectes qui pourraient dès lors y œuvrer, le ciment d'une culture ressourcée.

## NOTES

1 Ce texte est une version remaniée de : Luc Noppen et Lucie K. Morisset (1997), « Le nœud gordien. Réflexions en amont de l'héritage des lieux de culte », *ARQ, La revue d'architecture*, n° 97, juin 1997, p. 7-11.

2 Dans ce paragraphe, les données sont tirées de Jacques Drapeau (1996), « L'Église québécoise en crise. Le clergé sur la corde raide : 35 % des prêtres diocésains ont plus de 70 ans », *Le Soleil*, mercredi 18 décembre 1996, A-1 et C-1.

3 Luc Noppen et Lucie K. Morisset (1997), « À propos de paysage culturel : le patrimoine architectural religieux, une offre distinctive au Québec », *Téoros, revue de recherche en tourisme*, vol. 16, n° 2, été 1997, p. 14-20.

4 Dubois, Martin (1997), « La conservation du patrimoine architectural religieux moderne », *ARQ, La revue d'architecture*, n° 97, juin 1997, p. 23-24.

5 Balut, Pierre-Yves (1991), « De l'irrépressible envie de vouloir tout garder », dans Robert Dulau, dir., *Apologie du périssable*, Rodez, Édition du Rouergue, p. 287-289.

# Allocution de bienvenue

Jean-Paul L'Allier
Maire de la ville de Québec
Président de la Communauté urbaine de Québec
Président de l'Organisation des villes du patrimoine mondial

Je vous remercie d'avoir accepté de participer à cette première rencontre internationale et vous souhaite la plus cordiale bienvenue dans la ville de Québec.

Il y a déjà près de huit ans, j'avais pris contact avec M^gr^ Couture, archevêque de Québec, pour que nous puissions convenir d'un outil de travail qui permettrait de planifier les décisions qui touchent le patrimoine religieux, le patrimoine pastoral et la ville de Québec. Le but était de ne pas toujours être placés dans la position où nous devons gérer des crises, mais plutôt de planifier, de nous donner un mode de fonctionnement, d'action, de réflexion, d'analyse. Notre comité a travaillé régulièrement et c'est largement grâce à ce travail que nous en arrivons aujourd'hui, tous ensemble, à nous réunir en cette salle.

Ce matin, les journaux locaux montraient la photographie d'une grande église de l'avenue des Érables qui serait vendue pour un dollar et démolie par les acquéreurs qui, en plus de quelque quatre-vingt-cinq condominiums et logements, s'engageraient à reconstruire un lieu du culte pour accueillir trois cents personnes. Une belle grande église de Québec disparaît ainsi. A-t-elle un intérêt patrimonial suffisant pour justifier un investissement collectif et civil ? Est-ce la seule décision possible sur le plan pastoral ? Le lieu est-il indispensable sur le plan communautaire ? Chaque bloc de décisions se prend dans des zones d'autorité et dans le respect des uns et des autres, mais pour la communauté le résultat reste la disparition d'une église à Québec.

Quelques semaines auparavant, à peu près les mêmes intervenants s'étaient réunis pour convenir de sauvegarder une autre église, Saint-Cœur-de-Marie sur Grande Allée, dont la tour et le clocher menaçaient de s'écrouler et constituaient un danger pour la population. Ensemble donc, l'Église, les gouvernements, la Ville, nous avons choisi d'investir les sommes nécessaires à la restauration physique de ce clocher et de cette tour, ce qui permet la sauvegarde de l'église, mais à quelles fins ? Servira-t-elle à des fins culturelles, sociales, communautaires, pastorales ? Y a-t-il des limites à l'utilisation que l'on peut faire des lieux excédentaires et comment y arriver ?

*Jean-Paul L'Allier s'adressant aux participants du colloque (photo Robert Greffard, Ville de Québec).*

Ces questions et ces défis se posent d'une façon particulière dans une ville comme Québec, parce que les églises sont une partie importante du patrimoine collectif. Dans une ville qui n'a pas encore quatre siècles d'existence et qui, en 2008, sera la première ville au nord du Mexique à célébrer son « quadricentenaire », les églises sont souvent à nos communautés ce que les châteaux étaient aux communautés françaises, aux villages de France. Devons-nous les considérer uniquement sous l'angle pastoral, paroissial ? Nos préoccupations doivent-elles déborder ce cadre et faire appel aux ressources d'une société civile qui se sent vidée de partout de ses fonds ? Devons-nous voir venir et apprendre de ce qui se fait ailleurs afin que nous puissions poser les gestes appropriés, au moment opportun, pour faire en sorte que, tout en évoluant dans ce qu'elles sont et dans le choix des citoyens autant que des paroissiens, quelle que soit leur religion, nos communautés continuent à se développer d'une façon intelligente en ayant mémoire de ce qu'elles sont, de ce qui les a faites et de ce qu'elles doivent protéger pour les générations futures ?

Le défi est de taille et doit être abordé par tous ceux qui ont une responsabilité dans la gestion physique des bâtiments qui servent de lieu de culte, de lieu communautaire, de lieu religieux, de lieu de partage, de lieu d'accueil à la communauté. L'histoire de la ville de Québec est essentiellement liée aux grandes institutions. En matière d'éducation et en matière hospitalière, elle est essentiellement liée au développement de ses fonctions paroissiales. Le Québec, dans son ensemble, a dans son infrastructure culturelle sociale de base, l'Église, les églises. Ce colloque est le premier qui réunit des gens qui abordent de front un sujet qui, bien que demeuré tabou à plusieurs points de vue, revêt une très grande importance dans nos pays fragiles, dans nos communautés balkanisées, dans nos communautés où l'individu a les premiers droits, mais aussi où le collectif est souvent dépositaire des ressources en même temps que des valeurs que nous voulons placer au cœur de notre développement et partager avec ceux qui nous suivent.

Quel est le rôle de la Ville ? Quel est le rôle de l'État ? Quel est le rôle de l'Église, de la paroisse, de la communauté ? Est-ce une question d'argent ? Est-ce plus qu'une question d'argent ? Oui, mais peut-on aborder le « plus », si l'on ne règle pas d'abord la question d'argent ? Jusqu'où peut-on aller ? Toutes ces questions se posent simultanément. Peu importe la façon d'aborder le sujet, c'est globalement un grand effort de solidarité, de complicité et de partenariat qui est nécessaire pour trouver la meilleure solution, chacun dans la gestion, l'administration et la préoccupation de son mandat. Nos attentes sont considérables à la suite d'une rencontre comme celle-ci qui regroupe des spécialistes, des gens avec des idées précises, des gens qui vont témoigner de succès ou d'échecs dans leur pays, dans leur ville. La mise en commun de leurs expériences pourrait peut-être donner pour l'avenir une charte sur la façon de gérer un bien religieux, sur sa mise en disposition, sur sa sauvegarde ; une charte qui décrirait aussi la responsabilité de chacun et de chacune dans les communautés organisées, ou individuellement, par rapport au patrimoine et à la qualité de la vie au sein des communautés.

Le défi de la transformation, du nouvel usage du lieu, doit aussi faire l'objet de discussions et donner des pistes de priorités dans l'action. Une église peut-elle devenir du jour au lendemain une discothèque, un bar ? Des églises ferment alors qu'ailleurs on essaie d'en ouvrir. De quelle façon établit-on un code pour que les décisions se prennent dans une séquence utile à la communauté, où tous retrouvent le sens de la solidarité dans le respect des responsabilités de chacun ?

Après presque huit ans à l'hôtel de ville de Québec, j'ai beaucoup plus de questions que de réponses, mais le fait que vous ayez accepté de venir de partout pour discuter de ces thèmes me donne aussi beaucoup d'espoir, parce que ce qui se présente comme défi dans une ville comme Québec, c'est le même défi qui se pose, à un moment donné, dans une paroisse. Et, quand l'église d'une paroisse est menacée, c'est l'équivalent de la dernière école de quartier qui ferme ; là, on retrouve le sens historique. Quelles sont les ressources qui permettent de se « réapproprier » le lieu ? Pas uniquement pour le garder beau en espérant que quelqu'un l'utilise — puisqu'il le mérite souvent sur le plan architectural —, mais pour de nouveau trouver la voie de la communauté par ces lieux. C'est un grand défi. Je vous le pose tout comme vous vous l'êtes posé en acceptant de participer à cette rencontre que je souhaite fructueuse. Je suis convaincu que la somme de vos expériences donnera, dans les mois et les années à venir, cette charte que nous pourrons partager sur la façon de gérer un patrimoine collectif qui est une responsabilité collective.

# Allocution de bienvenue

Jean Desautels
Directeur, Unité de gestion de Québec
Ministère du Patrimoine canadien
représentant M^me^ Sheila Copps
Vice-première ministre du Canada
Ministre du Patrimoine canadien

Monseigneur Couture, Révérend James Merrett, Mesdames, Messieurs, permettez-moi, en premier lieu, de vous transmettre les excuses de M^me^ Copps qui ne peut malheureusement être présente ce matin, car elle doit participer à la mise en place des travaux du nouveau gouvernement. M^me^ Copps est très fière d'être associée à ce colloque d'envergure qui revêt une grande importance pour la mémoire culturelle de notre pays. Au nom de l'honorable Sheila Copps, vice-première ministre et ministre du Patrimoine canadien, j'aimerais féliciter le maire de Québec, M. Jean-Paul L'Allier, pour son engagement dans la réalisation de ce premier colloque international portant sur l'avenir des biens d'Église et rassemblant plus de trois cents personnes intéressées à la conservation du patrimoine religieux.

Témoins de l'histoire des villes et du travail acharné des collectivités, les églises, lieux de culte, ont longtemps assumé un rôle religieux doublé d'une fonction sociale marquée par le sceau de la solidarité et de l'entraide. Vidées progressivement de leurs fidèles, plusieurs églises sont devenues des vigiles abandonnés, soumis à différentes transformations et, parfois même, à la démolition.

Les églises doivent être considérées comme une pierre d'assise de la revitalisation des milieux urbains. La mise en commun d'information et d'expériences diverses, ainsi que la création de liens entre différents intervenants désireux d'assurer la sauvegarde et la protection des églises dans les villes-centres, constituent les forces de ce premier colloque international. Le ministère du Patrimoine canadien partage votre inquiétude en ce qui concerne l'avenir des églises des villes-centres et il désire explorer, avec vous, les avenues de solutions qui pourront assurer la conservation et la mise en valeur de ce patrimoine.

Malgré les problèmes et les difficultés, on peut croire à un avenir prometteur, car les délibérations de ce colloque devraient fournir des stratégies et des orientations de conservation ouvrant sur des partenariats et des méthodes novatrices. La population prend conscience des dangers qui menacent leurs églises, les médias se soucient de la question et, dans les différents milieux, de nombreuses personnes s'intéressent au dossier. Les idées neuves, les suggestions ingénieuses, les projets

*La cathédrale Holy Trinity de Québec, reconnue par la Commission des lieux et des monuments historiques du Canada (photo Pierre Cayer / Michel Bourassa, Centre de production multimédia, Université Laval).*

de restauration en cours et les travaux entrepris par la Fondation du patrimoine religieux du Québec sont tous des éléments qui nous permettent d'envisager avec confiance les défis posés par la sauvegarde et la protection de nos églises.

Pour terminer, au nom de M$^{me}$ Copps, je souhaite que ce premier colloque international marque le début d'un long travail de concertation et de collaboration entre tous les intervenants qui partagent la même préoccupation, soit assurer l'avenir des églises des villes-centres.

# ALLOCUTION DE L'INVITÉ D'HONNEUR

CLAUDE TURMEL
Directeur
Comité de construction et d'art sacré
Diocèse de Montréal

Nous vivons un colloque qui traduit bien l'éveil actuel du Québec au souci de protéger son patrimoine religieux. Il y a à peine quelques années, un rassemblement de cette envergure et de cette qualité aurait été considéré comme un rêve trop ambitieux, voire impossible.

M. Noppen a eu l'audace de me demander de m'adresser à vous comme un « sage ». Plus modestement, à la manière d'un témoin actif, je voudrais évoquer avec vous le chemin parcouru au cours des dernières décennies. On peut dire que nous venons de loin. Sans noircir le passé, il convient de se rappeler qu'il a fallu plusieurs prises de conscience collectives pour en arriver à l'étape actuelle.

Je veux d'abord évoquer la mémoire de grands éclaireurs : Gérard Morisset, Paul Gouin, Marius Barbeau, Ramsay Traquair, et combien d'autres. Personnellement, je considère Gérard Morisset comme un maître spirituel qui m'a beaucoup inspiré et encouragé. Déjà dans mon enfance, je collectionnais ses articles, souvent illustrés. On se souvient de son travail colossal et minutieux : inventaire des églises et des trésors religieux, recherches historiques, etc. Gérard Morisset a connu les résistances et l'isolement que rencontrent les défricheurs et les pionniers. Un jour, étant jeune prêtre, un confrère et moi nous lui parlions de notre passion pour le patrimoine religieux et de nos premiers engagements dans ce domaine. Il a alors fait cette réflexion que je n'ai pas oubliée : « Tout ce que nous aurions pu faire avec des gens d'Église comme vous ». Gérard Morisset se réjouissait à la perspective d'une relève. Il ne pouvait deviner l'ampleur de celle-ci. Tant de noms nous viennent à l'esprit, dont vous tous qui œuvrez depuis longtemps dans des organismes de sauvegarde dont le rôle déterminant nous est connu : à commencer par la Commission des biens culturels, le Conseil des monuments et sites du Québec, Héritage Montréal, Sauvons Montréal, un grand nombre d'organismes de sauvegarde régionaux, les Commissions de construction et d'art sacré de plusieurs diocèses, et combien d'autres.

Mais, faisons ensemble un petit effort de mémoire. Rappelons-nous d'abord les années soixante. Avec la Révolution tranquille, des perspectives nouvelles s'ouvraient dans tous les domaines. On procédait à des changements nombreux. Dans l'ardeur du mouvement, on balançait parfois volontiers des pans de notre

*Claude Turmel*
*(photo Bernard Lambert).*

Gérard Morisset
*(photo Inventaire des biens culturels).*

héritage, sans parler de valeurs trop facilement identifiées au passé. Cela a affecté l'architecture, l'urbanisme, l'écologie. C'est alors que Montréal, par exemple, a perdu quelques-uns de ses plus beaux quartiers. Combien de grands édifices ont disparu, avec leurs trésors, pour faire place à la banalité. On a trop souvent renoncé allègrement à des éléments importants de notre patrimoine. Même dans la vie quotidienne, il arrivait souvent qu'on se débarrasse d'un beau mobilier traditionnel pour acheter des meubles chromés qui donnaient un sentiment d'élévation dans l'échelle sociale. Dans ce contexte, vouloir conserver le patrimoine allait souvent à contre-courant.

C'est ainsi que beaucoup de curés ont cru bien faire en modernisant les églises au lieu de les restaurer. La plupart du temps, ils le faisaient par souci pastoral, croyant adapter l'Église au temps présent. Le Concile Vatican ll avait lancé un virage dans le domaine liturgique ; il avait appelé un renouveau. Avec la messe face au peuple, il mettait l'accent sur la communauté. En recentrant la spiritualité sur le Christ, il semblait mettre dans l'ombre les saints et les saintes qui peuplaient nos églises. Combien de chaires, de balustrades, de retables, de statues de grande valeur ont disparu dans l'ignorance et parfois même dans le mépris ?

On se réjouit aujourd'hui qu'un grand nombre de curés et de marguilliers aient su résister à ce coup de vent en faisant preuve de discernement. Leur attachement à leur église a éclairé leur choix. Ils avaient mieux compris l'esprit du Concile Vatican II.

Une recommandation du Concile a été particulièrement prise au sérieux au Québec, celle d'instaurer un comité d'art sacré dans les diocèses. Cette recommandation devait orienter mon engagement jusqu'à aujourd'hui. Chacun de nous pourrait raconter l'histoire des trente dernières années à partir de son itinéraire personnel. En toute simplicité, je partagerai avec vous quelques souvenirs.

Peu après mon entrée au Grand Séminaire, le bruit courait que le cardinal Léger envisageait la démolition des vieux murs qui longent la rue Sherbrooke. Avec la fougue un peu téméraire de la jeunesse, j'ai écrit directement au Cardinal pour l'en dissuader. Quelques années plus tard, après mon ordination sacerdotale, le cardinal Léger me posa la question : « Y a-t-il des écoles d'art sacré en Europe ? » Devant ma réponse négative, il décida de m'envoyer étudier le droit canonique à Rome en me rappelant que le droit mène à tout. Il accueillit favorablement et encouragea un projet que j'avais élaboré de visiter quatre cents églises modernes en Europe durant l'été 1965.

L'idée germait d'un comité diocésain d'art sacré. Elle se heurtait d'abord à des résistances. C'est en 1970 que l'archevêque, M^gr^ Paul Grégoire, créa enfin le Comité de construction et d'art sacré dont il me confiait la direction. Mon premier soin fut de réunir des professionnels et des pasteurs compétents qui exerceraient ensemble un leadership, en lien étroit avec les fabriques : des architectes, des urbanistes, des curés. Nous avons eu la main heureuse dans le choix des membres. Pendant sept ans, nous avons compté sur la présence de l'abbé Jean-Claude Turcotte, futur archevêque de Montréal. Le comité n'imposait rien à personne ; il conseillait l'archevêque, les curés, les marguilliers. Son principal outil était la persuasion, ce qui représenta un long travail de sensibilisation, grâce, en particulier, aux centaines de rencontres que nous avons tenues sur place dans les paroisses.

Au début, nous avions le sentiment que les paroisses ne se rendaient pas toujours compte de la valeur de nombreux éléments patrimoniaux et de la qualité de l'héritage reçu. Des édifices parmi les plus intéressants étaient peu considérés. J'ai vu des gens cultivés envisager avec indifférence la disparition de plusieurs grandes églises du centre-ville. Les seuls critères retenus étaient l'utilité pastorale et l'autonomie financière. Il nous fallait susciter des prises de conscience sur la nature même du patrimoine. Je dois dire ici que les organismes voués à la sauvegarde du patrimoine ont su alerter au bon moment la population et jouer un rôle de vigilance et d'animation de l'opinion de nos milieux. De son côté, la création du ministère des Affaires culturelles a beaucoup contribué à l'évolution des mentalités. Aujourd'hui, on sait mieux de quoi on parle quand il est question de patrimoine.

En plus de mettre en lumière le patrimoine, le Comité de construction et d'art sacré s'est employé à favoriser sa conservation. On sait que les fabriques sont propriétaires des bâtiments. De plus en plus, on a vu plusieurs d'entre elles comprendre leur rôle dans ce domaine. Le comité a essayé de leur montrer comment réaliser de belles choses avec des moyens modestes. À ce propos, j'aime parler de *l'esprit du petit propriétaire* qui voit à l'entretien préventif de sa maison au lieu de laisser aller les choses pour engager ensuite de grands frais.

Avec le recul, les nécessaires croisades d'hier font sourire quand on pense qu'il fallait se battre pour défendre des évidences. Heureusement qu'il y a toujours des courageux aux barricades.

Je me rappelle le premier cas auquel j'ai travaillé, en 1968. On m'avait recommandé au curé de l'église Saint-François-de-Sales qui me demandait conseil sous pretexte que j'aimais les « vieilles choses ». Une dizaine d'experts arrivaient à la même conclusion concernant l'église. Selon eux, il fallait moderniser, supprimer le beau décor pictural de la voûte, en partie œuvre de l'artiste-peintre et décorateur, Toussaint-Xénophon Renaud. Ils voulaient également remplacer le plancher de bois par un plancher de béton, entraînant ainsi la disparition d'un ameublement modeste, mais intéressant. L'idée me vint de conseiller au curé de demander le point de vue d'un charpentier de l'endroit. On apprit alors qu'il suffisait de remplacer deux poutres pour conserver le tout. Quant à notre admiration pour la voûte, elle a confirmé le curé dans sa première idée qui était de la conserver. Par

*Le sanctuaire de l'église Saint-François-de-Sales à Laval (photo A. Kilbertus).*

la suite, à la lumière de cette expérience, nous avons toujours tenu à consulter des artisans et des gens de métier. Une personne d'expérience, comme M. Paul-Émile Guilbert qui s'est joint à nous au moment de prendre sa retraite, rend des services inestimables et permet à des fabriques de réduire considérablement les coûts des travaux.

En 1975, nous avons commencé à franchir une autre étape. Le patrimoine religieux est de moins en moins la préoccupation exclusive des pasteurs et des fidèles des différentes traditions. L'entretien et la mise en valeur des bâtiments religieux dépassent très souvent les capacités financières de la communauté locale. On connaît les facteurs qui expliquent ce phénomène. Outre la diminution de la pratique religieuse, on constate ici la dégradation des centres-villes et là, la désertion des campagnes. Beaucoup de temples de grande valeur se situent aujourd'hui dans des quartiers appauvris. Ils représentent une charge trop lourde tout en étant des lieux privilégiés d'identification, de culture, de services sociaux et de regroupements communautaires. Ces divers rôles de l'Église, dans un quartier ou dans une municipalité, incitent l'ensemble de la population à tenir à la conservation de ses temples. On y tient parfois d'autant plus que leur disparition aurait le caractère dramatique d'une démission ou d'un abandon. Devant la perspective d'une démolition, les gens écrivent souvent à l'évêque pour demander pourquoi les quartiers riches garderaient leurs églises pendant qu'on démolirait la leur. Au lieu de

*L'abbé Claude Turmel recevant le présent offert par les participants au colloque des mains de M. Jacques Fiset, conseiller municipal et Vice-président du Comité exécutif de la Ville de Québec (photo Robert Greffard, Ville de Québec).*

banaliser les quartiers démunis, ne doit-on pas les aider à se recréer une fierté à partir d'un héritage prestigieux ? Au lieu d'être un fardeau, le temple patrimonial peut devenir un levier pour l'animation et le développement d'un quartier ou d'une municipalité. Ce questionnement nous est apparu avec clarté récemment grâce aux propos tenus lors de la conférence de presse donnée à l'église Très-Saint-Nom-de-Jésus, dans le quartier Hochelaga-Maisonneuve de Montréal, par la ministre de la Culture et des Communications, M^me^ Louise Beaudoin, et la députée du comté, la ministre de l'Emploi et de la Solidarité, M^me^ Louise Harel.

Maintenant, nous entrons vigoureusement dans une étape qui marque une grande première dans notre société. Je veux ici parler de deux phénomènes nouveaux : l'engagement des gouvernements dans la sauvegarde du patrimoine religieux et la structuration des liens de collaboration entre les différentes traditions religieuses dépositaires de patrimoine.

À plusieurs reprises depuis 1975, les gouvernements fédéral et provincial avaient mis en place des programmes de création d'emplois. Plusieurs chantiers ont permis de régler des problèmes urgents. Ces problèmes auraient pu compromettre la survie d'un bon nombre d'églises, souvent parmi les plus intéressantes. En 1994, le programme *Travaux d'infrastructures Canada-Québec, volet IV*, a permis une relance. Plus récemment encore, en 1995, l'État québécois s'engageait résolument dans la sauvegarde et la mise en valeur du patrimoine religieux dans son ensemble, dans tout le Québec. Pour la première fois, le patrimoine religieux prenait place dans un discours du budget. Il devient clair pour tous maintenant que ce patrimoine ne peut être laissé à la seule charge des communautés locales. Ces communautés n'en continuent pas moins d'assumer généreusement leurs responsabilités qui restent premières.

Cet engagement de l'État a amené les grandes traditions religieuses à collaborer entre elles de manière inédite. Dès le départ du programme d'*Infrastructures*, l'archevêque de Montréal, le cardinal Jean-Claude Turcotte, a manifesté le désir que l'Église catholique n'œuvre pas seule. Alors s'est mis en place l'organisme *Pierres Vivantes*. La ville de Québec a connu une semblable collaboration entre les traditions.

Ces liens chaleureux et efficaces ouvraient la voie à la création d'une fondation, la *Fondation du patrimoine religieux du Québec*. Si je puis donner ici un témoignage personnel, j'aimerais vous dire avec quel entrain et quel plaisir nous avons mis en place cette structure qui rassemble des catholiques, des anglicans, des protestants, des juifs, des presbytériens et d'autres traditions religieuses. Nous avons tenu à stimuler la participation de toutes les communautés locales, grâce en particulier à huit tables de concertation en régions avec les représentants du ministère de la Culture et des Communications. Je dois souligner l'enthousiasme avec lequel les représentants du Ministère ont accepté très tôt l'idée de départ d'un partenariat avec les différentes traditions. Ils ont collaboré étroitement et quotidiennement à la création et au fonctionnement de la Fondation et en ont enrichi le concept. Je devrais mentionner ici les représentants du Ministère dans chacune des régions, mais permettez-moi ici de souligner particulièrement la contribution exceptionnelle de M^me^ Monique Barriault et de M. Denis Delangie qui sont comme des arcs de voûte de ce projet.

Malgré l'ampleur des réalisations en cours dans tout le Québec, il reste du chemin à parcourir. Le congrès nous aura montré qu'il y a tout un bouillonnement de réflexions, d'hypothèses, de pistes d'avenir. Je trouve encourageant que tout cela se passe dans une concertation serrée entre les divers intervenants. Mais je voudrais souligner ici quelques interrogations qui nous sollicitent. S'il faut garder et mettre en valeur certaines églises, ne faudra-t-il pas renoncer à certaines autres ? Dans mes contacts avec les décideurs, je remarque qu'on tient compte de plus en plus de la qualité architecturale des églises dans les choix toujours difficiles qu'il faut faire. À cet égard, il est intéressant de suivre attentivement les orientations qui se prennent ici, à Québec. L'archevêque de Québec, M^gr^ Maurice Couture, et M. le maire Jean-Paul L'Allier ont beaucoup à nous apprendre.

Une autre question se pose, celle de l'utilisation des lieux de culte. De beaux espaces consacrés à la liturgie et à la pastorale peuvent-ils s'ouvrir à d'autres fonctions ? Nous nous sommes habitués à faire de nos sous-sols et de nos locaux des lieux de rassemblement pour les gens du quartier ou du village. Aujourd'hui, cette pratique d'accueil se poursuit en prenant des formes nouvelles. Nous connaissons tous des bâtiments religieux qui abritent des services sociaux ou charitables, des groupes communautaires et des services appréciés de la population. Les maires savent combien leur appui est apprécié de tous ces groupes. Des églises jouent également un rôle culturel important. Certaines se prêtent magnifiquement à des concerts. Les mélomanes aiment leur ambiance de paix. Beaucoup de jeunes artistes y trouvent le point de départ de leur carrière.

Dans ces choix, il faut du discernement. On entend parfois des suggestions trop rapides. Elles ne tiennent pas compte de certaines réalités. Par exemple, il faut bien que les activités soient compatibles avec la finalité du lieu : les fidèles sont sensibles à cette dimension. D'un autre côté, il faut trouver aussi des projets qui ne compromettent pas les activités existantes ; il faut éviter de surcharger indûment le personnel pastoral trop peu nombreux.

Souvent ce sont les gens distants de l'Église qui nous jugent le plus sévèrement quand on compromet le caractère sacré des lieux de culte. Cet aspect risque d'être trop facilement négligé. Pensons au caractère sacré qui risque de faire cruellement défaut alors que tant de gens aspirent à un éveil spirituel. Songeons à tout ce qui entre en jeu. On touche à des profondeurs psychologiques, à un univers symbolique, un héritage de sens qu'on ne peut prendre à la légère. Quand on respecte la fonction première d'une église, ne rend-on pas service à une société qui a besoin d'espaces spirituels ? Il y a place pour la créativité et les expériences concrètes.

Je n'ai pas à dire à des architectes qu'un lieu doit correspondre à sa fonction. Qu'on pense aux discussions actuelles qui agitent le monde du « baseball » qui trouve inadapté le stade olympique qui est pourtant un lieu sportif. On veut un lieu qui corresponde davantage aux exigences précises de ce sport particulier. De même, dans le monde de la musique, un orchestre symphonique sera bien chez lui dans une salle de concert qui ne conviendra cependant pas à une troupe d'opéra. Les architectes sont familiers avec ce genre de contraintes.

À ceux qui se demandent si le patrimoine religieux est rentable au Québec, je voudrais raconter une anecdote. Un jour, le Comité diocésain de construction et d'art sacré visitait une église en compagnie du curé, des marguilliers et du sacristain. Certains souhaitaient la disparition de statues. On arrive devant la statue de sainte Thérèse de l'Enfant Jésus. Les lampions ne chômaient pas autour d'elle. À ce moment-là, du fond de l'église, la voix du sacristain nous rassure par ce cri : « Celle-là, touchez-y pas, elle paie son loyer ! » Je termine en vous confiant une conviction personnelle : si l'on garde bien et si l'on entretient le patrimoine religieux du Québec, il paiera son loyer. Il profitera à tous.

# LES CONFÉRENCES

# Le Programme d'aide à la restauration du patrimoine religieux de la Fondation du patrimoine religieux du Québec[1]

Helen Haslam
Directrice générale
Fondation du patrimoine religieux du Québec
Montréal

La Fondation du patrimoine religieux du Québec regroupe les représentants de toutes les communautés et traditions religieuses, ainsi que les propriétaires d'édifices, de biens mobiliers et d'œuvres d'art d'intérêt patrimonial sur le territoire du Québec. Sa mission est d'aider ces propriétaires à assurer la conservation et la mise en valeur de leurs biens patrimoniaux par la restauration et l'entretien préventif. Dans le cadre d'une entente signée le 19 octobre 1995, le ministère de la Culture et des Communications confiait à la Fondation la gestion d'une enveloppe de trente-cinq millions de dollars, sur cinq ans, pour la conservation des édifices religieux (Volet I). Cinq autres millions sont consacrés aux biens mobiliers et aux œuvres d'art d'intérêt patrimonial ; ce programme est géré par le ministère de la Culture et des Communications (Volet II).

La structure de base de la Fondation comprend un Conseil d'administration, un Comité exécutif et une Direction générale. S'ajoute un quatrième comité qui intervient dans le cadre spécifique de cette entente, le Comité de coordination, dont le rôle est de veiller au respect des termes du protocole de 1995. Contrairement aux trois autres groupes de travail, ce dernier est formé conjointement de représentants de la Fondation et du ministère de la Culture et des Communications.

## Les principes

La pierre angulaire de cet organisme est son partenariat et sa collaboration étroite entre, d'une part, les communautés des fidèles et les propriétaires des lieux de culte des diverses traditions religieuses de toutes les régions, et, d'autre part, le ministère de la Culture et des Communications. D'autres groupes devraient éventuellement s'ajouter. Ce partenariat « élargi » doit permettre de répondre aux besoins réels d'entretien des édifices et de respecter les priorités établies à l'échelle du Québec. Il faut sensibiliser les communautés locales à l'importance du patrimoine religieux afin de les amener à participer à sa mise en valeur. Des actions

*Travaux de restauration de la pierre de la façade de la cathédrale Marie-Reine-du-Monde à Montréal (photo Claude Turmel).*

concrètes de restauration des édifices contribuent à la sensibilisation de la communauté, facteur essentiel qui, selon ses répercussions et son degré de réussite, favorisera la sauvegarde de ce patrimoine important.

Le deuxième fondement de la Fondation est le principe d'action décentralisée de ses structures. Dans les régions, on a mis en place des tables de concertation auxquelles collaborent des représentants des traditions religieuses et du ministère de la Culture et des Communications. On met ainsi en pratique l'un des grands principes d'action de protection du patrimoine religieux émis dans un rapport déposé au printemps 1996 à la Commission des biens culturels du Québec. Ce rapport suggère, entre autres, que si les citoyens participent à l'édification de l'avenir du patrimoine religieux, ils se sentiront davantage responsables, s'approprieront le patrimoine et assumeront sa protection. Pour ce faire, il faut préférer la régionalisation à la « métropolisation », c'est-à-dire continuer la décentralisation déjà amorcée et croire que ce sont les collectivités, au sens le plus large du terme, qui prendront en charge leurs biens culturels. Les décisions sont prises au niveau régional et chaque tradition établit les priorités pour son propre ensemble de bâtiments.

Différentes personnes-ressources sont les bienvenues aux tables : spécialistes en patrimoine, historiens, urbanistes, conservateurs de musées, professeurs d'université, architectes, ethnologues, historiens de l'art, etc. Ils ne sont membres votants à ces tables de concertation que s'ils sont officiellement mandatés par une tradition religieuse pour les représenter. Dans les autres cas, ils contribuent comme personnes-ressources, apportant aide et conseils.

Le rôle des tables de concertation est important au sein de la Fondation. En effet, ce sont elles qui contactent les bénéficiaires et qui suivent, sur le terrain, le déroulement de toutes les étapes des projets. Cette façon de procéder facilite le choix des bâtiments qui seront subventionnés, car ce sont les structures administratives des différentes traditions, dans les régions, qui connaissent le mieux leur parc immobilier.

Ces tables étudient aussi les projets avec les bénéficiaires, les architectes, les ingénieurs et les autres professionnels afin d'assurer la qualité des interventions et le respect des principes de restauration adoptés par la Fondation. Rappelons qu'il s'agit ici d'une contribution volontaire de la part des traditions et des personnes-ressources. Dans toute la province, les onze tables et sous-tables sont à l'œuvre depuis le printemps 1996 ou, dans certains cas, depuis l'hiver 1997. La mise en place, la recherche des représentants, les méthodes de fonctionnement interne, l'annonce du lancement du programme à tous les bénéficiaires possibles dans leur région respective, et j'en passe, sont autant de points qu'il faut régler avant même de démarrer les projets.

Les onze tables et sous-tables ont maintenant atteint leur vitesse de croisière et environ cent cinquante chantiers ont été ouverts dans le courant de l'été 1996. Il reste cependant d'autres genres d'actions à mettre en route, ce que nous aborderons ultérieurement.

## La problématique des centres urbains

Voici rassemblées les réflexions de la table de Montréal à propos de la situation des églises situées dans les centres urbains.

Les bâtiments religieux constituent encore les principaux éléments d'identification des noyaux des quartiers et forment un pôle vivant d'activités sociales et culturelles, un lieu privilégié pour les organismes communautaires et de nombreux services à la population.

Comme dans toute l'Amérique du Nord, on constate un phénomène de dégradation du tissu urbain et social, ce qui entraîne une concentration de population démunie. C'est souvent au cœur des quartiers défavorisés que se dressent les bâtiments à la fois les plus beaux et les plus imposants.

*Travaux de restauration de l'église de Saint-Honoré au Saguenay—Lac-Saint-Jean (photo Fondation du patrimoine religieux du Québec).*

En plus de l'appauvrissement des quartiers anciens, on constate aussi un exode vers les banlieues qui se répercute sur la densité d'occupation. La restauration de certains bâtiments suscite peu d'intérêt, ceux-ci étant mal situés pour les besoins actuels de la communauté. Par exemple, pour les communautés juives orthodoxes, la synagogue doit se trouver à distance de marche de la maison.

Dans ce contexte, les services communautaires se multiplient et accusent des charges de plus en plus lourdes alors que les ressources se raréfient. La conservation et la mise en valeur de très grandes églises patrimoniales dépassent les possibilités du milieu.

La diminution des paroissiens capables de contribuer signifie une diminution des ressources. Ce défi ne peut pas non plus être assuré financièrement par les traditions.

Les dimensions d'un bâtiment influent sur les coûts d'entretien selon une progression plus géométrique que proportionnelle. Ainsi, une église de mille places, deux fois plus grande au sol qu'une église de cinq cents places, peut avoir un volume quatre fois plus grand (ce système fonctionne également pour les bâtiments situés hors des centres).

La Fondation a deux sources de revenus : d'une part, les montants empruntés grâce au « Programme d'aide à la restauration du patrimoine religieux », qui sont utilisés uniquement au versement des subventions aux bénéficiaires, et, d'autre part, les intérêts reçus sur ce capital emprunté, qui sont utilisés pour les dépenses administratives de la Fondation. Les subventions accordées à ce jour s'élèvent à 5 733 937 $, pour un total de 150 projets représentant un montant total de travaux de 12 017 105 $. Les dépenses administratives de la première année, quant à elles, s'élèvent à 159 661 $, ce qui représente 2,78 % des subventions payées aux bénéficiaires.

À ce jour, toutes les régions ont fait appel à la Fondation. Il est très intéressant de noter que si le pourcentage de subvention attribuée par projet varie de 21 % à 100 %, la Fondation n'a versé globalement à ce jour qu'environ 60 % du coût total des travaux réalisés. Cela signifie que la participation du milieu s'élève à environ 40 % des fonds investis. L'objectif de base de 85 % pour la Fondation contre 15% du milieu est donc amplement dépassé. Même si la progression varie d'une région à une autre, nous estimons qu'un autre dix millions de dollars de subventions sera approuvé pour des projets au cours des six prochains mois de 1997.

Ce partenariat entre les traditions religieuses et le gouvernement est très positif : les représentants des traditions mettent aujourd'hui leurs efforts en commun pour la sauvegarde de leur patrimoine et la collaboration des représentants du ministère de la Culture et des Communications au sein des tables régionales permet un fonctionnement efficace et professionnel du programme à la grandeur de la province. Il faut souligner également la création d'un Comité des orgues, unique en son genre, qui réunit pour la première fois des spécialistes des différentes écoles de musique présentes au Québec. Cette collaboration permet de mettre en place un mouvement important pour la sauvegarde de cette richesse inestimable que les orgues représentent au Québec.

Il est déjà possible, après un an de travail, de percevoir les retombées du programme : soutien à l'industrie de la construction, création d'emplois spécialisés, maintien des métiers traditionnels en voie de disparition, retombées fiscales et économiques, mise en valeur touristique, etc.

Dans un contexte de reprise difficile, un programme d'investissement dans l'entretien des lieux de culte patrimoniaux a un effet bénéfique de soutien, si ce n'est de relance, à l'industrie de la construction. Le type d'investissement que requiert un tel programme est fortement créateur d'emplois : on estime que soixante-dix pour cent des coûts de rénovation et de restauration vont à la main-d'œuvre et trente pour cent aux achats de matériaux, alors que dans les travaux comparables de construction neuve (résidentielle ou commerciale) la proportion s'établit à cinquante-cinquante. Nous pouvons de plus compter que chaque emploi dans la construction génère un emploi indirect.

Dans le domaine de la restauration, la qualité des travaux est essentielle. Or, cette qualité suppose une qualification de la main-d'œuvre. Ce programme favorise donc

*Le chantier de restauration de la pierre de l'église Saint-Michel de Percé (photo Marc Bouchard, architecte).*

la conservation des savoir-faire artisanaux menacés et crée des emplois spécialisés éminemment exportables dans le secteur de la construction et de la restauration.

D'après des études sur les retombées économiques de la réfection d'églises patrimoniales, les retombées d'un tel projet, en termes de production industrielle, se chiffrent à plus de deux cents pour cent des investissements qui y sont consentis, alors que les retombées fiscales totales (impôts, taxes directes, taxes indirectes et cotisations) atteignent plus de vingt-neuf pour cent des dépenses d'immobilisations. Par ailleurs, l'expérience de la Fondation du patrimoine religieux du Québec démontre que, pour chaque dollar d'investissement consenti par les pouvoirs publics, au moins cinquante-six cents sont ajoutés par le milieu, établissant ainsi un effet de levier et un investissement rentable et économique.

## La sensibilisation des différents intervenants

Nous avons élaboré ce programme unique au Canada en partenariat avec le ministère de la Culture et des Communications du Québec, après une étude de ce qui se fait ailleurs dans le domaine de la protection du patrimoine religieux et une adaptation des expériences étrangères à l'esprit de tradition coopérative au Québec. Le programme témoigne qu'un partenariat décentralisé entre le gouvernement et la population est susceptible de fonctionner. Par ailleurs, en plus d'engendrer une prise de conscience des intervenants du milieu, le programme a amorcé un phénomène de sensibilisation et développé un sens des responsabilités à l'égard de cette richesse culturelle. En moins d'un an, des effets importants se font déjà sentir :

- Quatre nouveaux comités de construction ou d'art sacré ont été créés dans le courant de 1996 : dans chacun des trois diocèses catholiques de Saint-Jérôme, de Joliette et de Sherbrooke, ainsi que dans le Presbytère de l'Église Unie de Montréal.

- Les tables de concertation régionales qui avaient peu d'expertise ont fait beaucoup d'efforts et se sont donné les moyens de réaliser des projets de qualité. Nous pouvons donner comme exemple le cas de la sous-table du Bas-Saint-Laurent qui a fait appel à l'expertise de M. Paul-Louis Martin, ethnologue, professeur à l'Université du Québec à Trois-Rivières, qui visite régulièrement cette région.

- Toutes les tables de concertation ont déployé beaucoup d'énergie afin de trouver dans leur région des représentants des différentes traditions qui pourraient y siéger, mais également des représentants des communautés religieuses (regroupements difficiles à atteindre).

- Le regroupement *Mission Patrimoine Religieux*, dont les membres sont principalement des communautés religieuses qui s'occupent d'objets et d'archives, commence à se rendre compte de l'importance des bâtiments et un cheminement se fait en ce sens.

La prise de conscience par les propriétaires de la valeur patrimoniale des édifices est amorcée ; lors des rencontres des tables de concertation, les réactions sont révélatrices. En effet, l'opposition à certains travaux non respectueux du caractère patrimonial de l'édifice peut être parfois catégorique et stricte. Il faut se rappeler que la plupart des membres de ces tables ont commencé à aborder les différents aspects de la conservation du patrimoine il y a dix mois à peine, ce qui permet de mesurer le chemin accompli à ce jour.

Le travail effectué lors des réunions des tables a permis aux traditions de prendre conscience ensemble de leur patrimoine, mais également de se sentir ensemble responsables face aux problèmes importants dans leur région respective. Avec le concours de leurs collègues des autres traditions, des professionnels du gouvernement et du secteur privé, ils ont appris à travailler ensemble à la conservation du patrimoine.

La couverture médiatique de la situation du patrimoine religieux des dernières années (articles de journaux, reportages télévisés, bulletins d'information, etc.) a contribué à sensibiliser la population.

Dans les domaines culturel et social, le programme agit de manière indirecte. En effet, comme il contribue fortement à la conservation des lieux de culte dans les centres urbains, il permet de maintenir des lieux de rassemblement, des pôles d'enracinement et de sécurité pour les populations. Les édifices religieux jouent un rôle social et culturel essentiel complémentaire à celui des pouvoirs publics. Ainsi, plusieurs établissements offrent un personnel bénévole et des locaux à bon compte pour des fins diverses, notamment : événements culturels, œuvres de charité et actions sociales destinées à venir en aide aux défavorisés.

Il reste maintenant à faire face aux défis et à l'avenir. Les leçons que l'on peut tirer parlent d'elles-mêmes : le programme suscite beaucoup d'intérêt et met en place beaucoup d'actions, tant professionnelles que bénévoles. Mais il faut aussi songer aux suites du programme et mettre en œuvre des actions afin que la Fondation puisse continuer son mandat dans les années futures, entre autres par l'établissement d'un fonds permanent, par la mise sur pied de programmes de sensibilisation, d'information et de formation auprès des intervenants, ou par la promotion touristique.

L'émergence de la volonté de maintenir les lieux de culte témoins de notre culture, éléments de notre patrimoine et héritage de générations passées, se heurte à une dure réalité. Dans le contexte économique actuel, il n'est pas raisonnable de penser que l'on puisse remettre à neuf le patrimoine religieux, ce qui serait une action d'envergure énormément coûteuse. Il faut plutôt songer à un entretien préventif. Cette attitude permet de réaliser des travaux malgré tout importants qui répondent aux besoins immédiats.

Nous parvenons à traiter des projets de différentes envergures : les petites églises qui ne nécessitent que peu d'investissement pour être remises « en ordre » ; les projets qui attendaient depuis longtemps de tels fonds parce que l'ampleur des travaux ne pouvait être supportée par les paroisses ; en plus de quelques surprises qui surgissent et pour lesquelles nous devons imaginer des solutions. Par exemple, certaines régions doivent faire face à des projets imprévus de très grande envergure : Saint-Léon et St. George (Région 08) ; des églises catholiques à Sherbrooke et à Montréal ; des projets dans des sites éloignés accessibles par voie d'eau uniquement (Région 07) ; etc. Tous ces cas sont importants et exigent de gros investissements pour la restauration ou même pour le simple entretien préventif.

Face à de tels cas, nous devrons faire preuve d'imagination et de volonté pour poursuivre cette œuvre et trouver des fonds qui continueront à aider à l'entretien et à la gestion des bâtiments. Il paraît évident que les communautés seules ne peuvent supporter cette charge.

## Note

1 Extraits du Premier rapport semi-annuel au Comité de coordination.

# Les activités du *Churches Conservation Trust*

Sarah Robinson
Caseworker
The Churches Conservation Trust
Londres

## Introduction

En tant qu'Église établie du pays, l'Église d'Angleterre a une position unique. En effet, elle est propriétaire d'un grand nombre d'édifices — églises paroissiales de nos villages, nos cités et nos villes — tous des éléments importants, voire essentiels de notre patrimoine national, tant architectural, historique et ecclésiastique que social. L'Angleterre compte environ seize mille églises paroissiales[1] ce qui peut expliquer que celles-ci soient si familières sur la scène anglaise et qu'elles soient encore plus variées que le paysage dont elles sont partie intégrante. Bien qu'elles donnent l'impression d'être aussi permanentes que la nature elle-même, il en va malheureusement tout autrement.

L'Église d'Angleterre n'est que trop consciente des problèmes auxquels font face nos églises paroissiales, problèmes qui, selon toute vraisemblance, s'accroîtront au cours du siècle prochain. La mobilité de la population des villes et des campagnes et le déclin de la pratique religieuse ne sont que deux des motifs d'inquiétude. À la fin des années cinquante, l'Église d'Angleterre évaluait que trois cent soixante-dix églises étaient déclarées en surplus et que quatre cent vingt le seraient au cours des vingt prochaines années, pour un total de sept cent quatre-vingt-dix[2]. En 1996, le nombre des églises déclarées en surplus atteignait mille cinq cent onze[3].

## Le Trust

Le *Churches Conservation Trust* (que nous appellerons simplement « le Trust ») est l'organisme officiel établi en 1969, en vertu de la *Pastoral Measure* de 1968, pour veiller aux églises en surplus jugées dignes d'intérêt. Aux termes de cette mesure, le Trust fut créé dans le but de préserver, pour le compte de la nation et de l'Église d'Angleterre, les églises ou portions d'églises déclarées en surplus ainsi que leur contenu, en raison de leur intérêt historique et architectural[4]. Le *vesting*, ou l'acquisition, est le terme utilisé pour décrire le transfert légal de la propriété au Trust, qu'il s'agisse d'une église ou d'une partie d'église et son contenu, avec ou sans les dépendances, tel le cimetière.

La première partie de cet exposé décrit le fonctionnement du Trust, sa gestion, ses objectifs, sa philosophie et son financement alors que la seconde aborde, à l'aide d'exemples concrets, les problèmes des églises des centres-villes et la façon dont le Trust les a traités.

## La problématique

Avant d'aborder le Trust en détail, il est important de comprendre le long processus qui doit être entrepris avant qu'une église lui soit transférée. Au pays, l'Église d'Angleterre est divisée en diocèses, chacun possédant un comité responsable des églises qui pourraient être déclarées en surplus. Habituellement, l'initiative de cette déclaration officielle vient directement de la paroisse qui, pour différentes raisons, notamment la diminution du nombre de fidèles, ne peut plus entretenir son église. Ensuite, il faut recueillir les vues du diocèse ainsi que son opinion sur la condition et la valeur du bâtiment. Enfin, l'Évêque et la Reine doivent autoriser la déclaration de surplus.

Après la déclaration de surplus, les offices réguliers cessent et l'entretien de l'édifice est assumé par le diocèse pour une période maximale de trois ans, sauf dans des cas bien particuliers, où l'utilisation future de l'édifice est à l'étude. Les Commissaires de l'Église d'Angleterre obtiennent l'avis supplémentaire de divers spécialistes sur la valeur de l'église et de son contenu, tant aux plans de l'architecture, de l'archéologie et de l'histoire que du paysage. Si une église est jugée digne d'être transférée au Trust, ce dernier doit être consulté en ce qui a trait aux coûts d'entretien et de réparations en plus, évidemment, de sa capacité à les prendre en charge. Le Trust ne participe pas à la prise de décision concernant les églises qu'il doit acquérir. Par ailleurs, tous les intéressés, y compris le Trust, sont d'avis que la meilleure façon de préserver une église est de lui garder son caractère cultuel. Quand il est impossible de trouver une solution de rechange acceptable, l'église peut devenir la possession du Trust. Dans un tel cas, il est très peu probable que ce dernier trouve d'autres utilisations viables.

En date du 31 décembre 1995, des mille quatre cent cinquante-trois églises déclarées en surplus dont l'avenir avait été décidé, on avait trouvé des solutions de rechange pour huit cent neuf alors que trois cent deux devenaient propriété du Trust, trois cent trente étaient démolies et douze avaient trouvé d'autres avenues[5]. Le Trust reçoit en moyenne huit nouvelles églises chaque année.

## Les objectifs

Lorsqu'une église lui est transférée, le Trust en devient propriétaire et a l'entière responsabilité de l'entretenir. Un expert-conseil est nommé pour analyser la nouvelle acquisition et recommander les réparations nécessaires ainsi que leur ordre de priorité. En autant que l'église ne soit pas en ruines, l'objectif est de s'assurer que la charpente de l'édifice soit solide et qu'elle résistera aux vents et aux intempéries. Il faut aussi voir à l'entretenir, à la protéger du vandalisme et, si les moyens financiers le permettent, à conserver certains éléments — installations, peintures, monuments et mobiliers — de façon telle que leur importance puisse être appréciée. On mandate un conseiller pour superviser les travaux de réparations et de conservation. En outre, lorsque jugé nécessaire, on peut faire appel à des spécialistes pour divers travaux de réparations qui exigent des compétences spécifiques : peinture intérieure, monuments, cloches, horloges ou autres.

## La philosophie

S'appuyant sur les lois en vigueur, le Trust a développé sa propre philosophie de réparations et il est en mesure de fournir aux administrateurs et au personnel un avis éclairé au moment de la prise de décision. En 1877, William Morris, fondateur de la *Society for the Protection of Ancient Buildings*, a lancé un appel aux responsables de monuments historiques pour les inciter à préserver les édifices au lieu de les restaurer ; selon lui, il faut : éviter la pourriture par un entretien régulier, renforcer un mur dangereux ou un toit fuyant par des moyens visant à supporter et à dissimuler, sans faux-fuyant, autrement dit, résister à toute tentative de falsifier les ornements et les matériaux. Ce point de vue a toujours autant de valeur aujourd'hui qu'à cette époque et il constitue la base de la philosophie de conservation du Trust.

On accorde beaucoup d'importance à la prévention des causes de détérioration. En termes pratiques, cela se traduit par des visites d'entretien annuelles pour nettoyer les gouttières, les rigoles et les drains, remplacer les tuiles brisées et relever les problèmes éventuels. La frontière entre conservation et restauration est parfois difficile ou impossible à discerner, mais dans tous les cas, il faut à tout prix éviter d'en arriver à restaurer, ce qui sera entrepris seulement dans des circonstances exceptionnelles.

## La situation financière

Les principales sources de financement du Trust sont l'État et l'Église. Les architectes nommés par le Trust font un rapport triennal de l'état de chaque église sur leur territoire et établissent l'ordre de priorité des réparations qui devront être effectuées au cours des trois prochaines années. Ces évaluations servent de base à l'octroi des subventions. Sur un total annuel de trois millions et demi de livres, pour trois ans, l'État finance soixante-dix pour cent du coût et l'Église, trente pour cent ; le Trust représente un partenaire inestimable et neutre qui fait le lien entre ces deux entités. Les autres sources de financement sont : municipalité, corporations professionnelles, collectes diverses, dons et legs de la population. De plus, le Trust a récemment reçu des fonds de la loterie nationale.

## LA GESTION

La responsabilité des travaux du Trust repose sur sept régisseurs. Dans la pratique, les activités régulières du Trust sont assumées par un personnel permanent de quinze personnes dont dix au bureau de Londres. Quatre chargés de projets se partagent la responsabilité principale de préparer tous les projets de réparations — environ cent soixante-quinze projets bon an mal an — dont la valeur varie de quelques milliers à deux cent cinquante mille livres ; ils doivent aussi résoudre les nombreuses questions juridiques, pastorales et philosophiques qui surviennent chaque semaine. Il y a, de plus, cinq agents locaux qui visitent les églises, font des rapports semestriels et entretiennent des relations avec le milieu : responsables des clés, utilisateurs et groupes d'Amis.

Au quotidien, le contrôle général des travaux du Trust est sous la responsabilité du directeur qui fait le lien entre les régisseurs, l'Église et le gouvernement.

Le Trust peut aussi compter sur une armée de bénévoles qui s'occupent des clés, nettoient les églises, organisent occasionnellement des offices et voient aux intérêts du Trust. Sans leur aide et leur soutien, le Trust n'aurait jamais obtenu autant de succès.

## LES ÉGLISES URBAINES

Alors que les églises rurales éloignées composent la grande majorité des biens du Trust, au cours des dernières années le nombre des églises de villes-centres qu'il a dû acquérir s'est accru. Des trois cent huit églises que le Trust possède actuellement, trente-huit sont situées dans des cités ou des villes. Ces églises urbaines sont habituellement plus grandes que leur contrepartie rurale et, conséquemment, utilisent une plus large part des subventions disponibles. Bien qu'en principe la philosophie de réparations soit pratiquement la même, la planification et la programmation des travaux doivent tenir compte de la situation physique des églises. Les centres-villes fourmillent parfois d'activités, ce qui rend très complexe la planification des projets. Il faut prendre entente avec l'administration de la voirie, les pompiers, la police locale et le milieu avant que les entrepreneurs puissent dresser les échafaudages et commencer les travaux. Dans ces cas, l'objectif du Trust est évidemment de réaliser simultanément le plus d'étapes possibles. À l'opposé, en milieu rural, le Trust envisage souvent les travaux en plus petites phases échelonnées sur un certain nombre d'années. Après les travaux initiaux de réparations, l'entretien des églises urbaines devient pour le Trust l'un de ses plus grands défis.

Les églises urbaines qui sont transférées au Trust peuvent être classées en deux catégories. Quelques-unes sont dans l'arrondissement historique de la ville, sur la carte touristique, et elles font partie des rares églises qui ont prospéré jusqu'à la dernière partie du siècle. Elles sont maintenant trop nombreuses et sont devenues trop coûteuses à entretenir.

St. Martin, à Exeter, blottie dans le coin nord de l'enclos de la cathédrale, en est un exemple. La paroisse est riche en édifices historiques et en églises médiévales, mais une très petite partie seulement de la population d'Exeter vit dans la vieille partie de la ville. L'église tire maintenant ses principaux revenus des visiteurs. Le Trust a pris entente avec la paroisse pour que l'église, comme d'autres dans la région, soit ouverte et fermée quotidiennement par un concierge qui s'occupe également de l'entretien ménager et qui prévient le Trust en cas de problème.

À York, l'église *Holy Trinity* est située à l'ombre de la célèbre cathédrale et, pendant l'été, elle est prise d'assaut par les touristes. Le Trust y emploie un gardien à plein temps pour ouvrir les portes chaque jour et assurer une certaine sécurité. Les revenus des dons des visiteurs atteignent des milliers de livres.

Or, la majorité des églises urbaines gérées par le Trust sont situées dans des quartiers résidentiels ou commerciaux moins prospères où il y a parfois beaucoup de chômage, ce qui engendre des problèmes de vandalisme, de vols et d'incendies criminels. On y trouve des bâtiments vides, inutilisés, non entretenus, sans aucun intérêt pour la communauté qui, par conséquent, les traite avec mépris. Plusieurs sont considérés comme source de revenus, ne serait-ce que pour leur potentiel de vente des matériaux de construction (souvent le Trust doit remplacer des tuiles ou des dalles volées), du mobilier comme tables de communions, luminaires, et tout ce qui peut facilement s'emporter.

Bien que le vol et le vandalisme dans les églises soient courants à la grandeur du pays, la destruction gratuite est plus répandue dans les églises urbaines.

Après avoir identifié les problèmes, le Trust doit trouver des solutions. La loi permet l'utilisation occasionnelle des propriétés transférées au Trust ou la possibilité d'en autoriser l'utilisation temporaire à d'autres fins jugées acceptables par le Trust[6]. Ainsi, en vertu de son pouvoir d'autoriser l'utilisation occasionnelle, le Trust peut approuver des offices religieux occasionnels — un maximum de six par années — avec le consentement de l'évêque et du responsable paroissial. L'inclusion de ces clauses dans la loi dénote que l'Église d'Angleterre, tout comme le Trust, est bien consciente que l'utilisation d'un édifice est essentielle à sa survie. De nouvelles lois permettent maintenant au Trust de louer ses églises pour des besoins précis, ce qui peut intéresser des petites entreprises ou des associations, puisque ces dernières obtiennent ainsi un meilleur rendement de leur investissement. Le Trust insiste beaucoup sur le fait que plus un édifice est utilisé, moins il est exposé au vandalisme, aux vols et à la détérioration. Le Trust pourrait approuver des activités ou des événements tels que concerts, expositions, récitals, conférences, floralies, rencontres communautaires ; c'est à lui de décider du coût de la location le cas échéant. Souvent, une présence dans l'église et la sécurité qui s'ensuit compensent le manque à gagner, bien que des revenus supplémentaires soient toujours bienvenus. Le Trust accorde beaucoup d'importance à la concertation avec l'administration municipale, les groupes locaux de sauvegarde et le clergé. L'ensemble de leurs connaissances du milieu est inestimable et le Trust ne veut absolument pas être perçu comme un travailleur isolé. Certains membres du clergé sont très clairvoyants ; par exemple à Shrewsbury, en raison de leur réalité différente, le ministre a une stratégie spéciale pour chacune des trois églises de sa paroisse ; basée sur l'aspect municipal à St. Chad, sur l'aspect social à St. Alkmund et sur une ambiance spirituelle à St. Mary, sous l'égide du Trust dans ce dernier cas.

Jusqu'à tout récemment, l'histoire de l'église St. James, à Toxteth, Liverpool, s'est révélée bien triste, mais on entrevoit un avenir meilleur. Jusqu'à il y a cinq ans environ, Toxteth abritait une grande proportion de logements sociaux dont la plupart, de catégorie moyenne, avaient été construits dans les années soixante et se trouvaient alors dans un état lamentable. La région accusait des taux de criminalité et de chômage élevés. Après son transfert au Trust en 1978, St. James a été victime de vandalisme répété, surtout après que le conseil de ville ait cessé d'entretenir le cimetière et que le gardien, qui passait beaucoup de temps dans l'église ou à proximité, ait pris sa retraite. Heureusement, l'église n'a pas subi la vague de lourd vandalisme et d'incendies criminels des fameuses émeutes de Toxteth en 1981. À la suite de ces émeutes, on a élaboré un plan régional pour utiliser des fonds locaux, gouvernementaux et européens à la revitalisation de ce quartier délabré. Les logements de béton ont été démolis pour faire place à de nouvelles habitations domiciliaires. S'appuyant sur le fait que le sens communautaire soit partiellement revenu, le Trust fait la promotion de l'église dans l'espoir de lui trouver des utilisations, communautaires ou autres. Il négocie présentement avec l'université de Liverpool qui pourrait utiliser St. James comme atelier de répétitions et de présentation de pièces de théâtre. Il espère leur vendre l'église ou la leur louer, mais peu importe l'entente qui interviendra, l'avenir de St. James s'annonce meilleur.

Dans nombre de cas, l'Église d'Angleterre étudie plusieurs utilisations de rechange avant de se résigner à l'acquisition ; en conséquence, les activités sont rares et éloignées dans le temps. Par exemple, une église peut parfois n'être utilisée que pendant l'été pour une série de concerts. Dans certaines églises urbaines, le Trust a nommé un gardien responsable d'ouvrir les portes selon un horaire établi, de faire visiter le public, de répondre à ses questions et, généralement, d'assurer un certain niveau de sécurité qui ne pourrait exister autrement. En outre, ces gardiens assistent le Trust par l'organisation de certaines activités et l'accomplissement de travaux d'entretien comme le nettoyage des gouttières et des tuyaux de descente. Dans quatre églises sur sept, les gardiens sont des employés réguliers à temps plein du Trust : *Holy Trinity*, York, St. Leonard à Bridgnorth, St. John à Leeds et St. Mary à Shrewsbury (probablement le joyau du Trust). Ces églises reçoivent beaucoup de visiteurs chaque année car elles font partie des circuits touristiques. Dans les autres églises urbaines, l'horaire de travail des gardiens varie selon les besoins particuliers de l'église. Les revenus d'aumônes des visiteurs sont minimes, mais la présence du public, même intermittente, décourage les vandales et les voleurs. L'église a l'air d'être entretenue et c'est l'impression importante qu'il faut donner.

Dans la ville de Bristol, le Trust possède deux églises, éloignées de quelques kilomètres à peine, auxquelles s'en ajoutera bientôt une troisième. Chacune représente un défi différent pour le Trust. *St. John the Baptist* a été construite sur les vieux remparts de la ville, dans un quartier à proximité du cœur commercial de Bristol. Elle est relativement près de la cathédrale et, bien qu'elle soit située dans un secteur commercial, reçoit bon nombre de visiteurs. Le gardien ouvre les portes deux après-midi par semaine, de Pâques à octobre, et peut également les ouvrir à des groupes de visiteurs, sur rendez-vous. Pendant l'hiver, il inspecte l'édifice deux fois par mois. En conséquence, il y a très peu de vandalisme à St. John. À un kilomètre de là environ, mais séparée du centre-ville par la rivière Avon, se dresse l'église *St. Thomas the Martyr*. Le port a déjà été très prospère, mais le déclin de l'industrie navale s'est aussi répercuté à la région ; une petite industrie locale demeure, mais la plupart des vieux entrepôts sont désaffectés. La récession des années 1980-1990 a durement frappé et de nombreux commerces locaux sont barricadés. Les ruelles et les espaces libres près de St. Thomas sont utilisés comme dépotoir et, souvent, comme latrines par les ivrognes du quartier, projetant ainsi une image très négative. Évidemment l'église est rarement utilisée, reçoit très peu de visiteurs et est victime de vandalisme. Il y a cinq ans, un ivrogne y a mis le feu. Les dégâts ont été réparés à grand frais par le Trust qui envisage d'y nommer un gardien.

La région de St. Paul, à Bristol, qui tient son nom de l'église, est fortement résidentielle et a des taux de chômage et de criminalité élevés. Tout comme Toxteth, la région a vécu les émeutes du milieu des années quatre-vingts et il y a eu très peu de changements au cours des douze dernières années. L'église de St. Paul est impressionnante mais elle a été négligée par la paroisse et le diocèse et est évidemment victime de vandalisme répété et de détérioration avancée. Le Trust devra tirer leçon de l'expérience des autres églises urbaines s'il veut assurer l'avenir de ce monument important et ne pas perdre son investissement en coûts de réparations actuellement évalués à plus d'un million de livres. À ce stade-ci, on ne songe qu'à une utilisation régulière pour assurer une certaine sécurité à St. Paul et éviter de voir la triste histoire de Toxteth se répéter.

À l'aube du XXI^e^ siècle, il est certain que le nombre d'églises urbaines transférées au Trust augmentera, amplifiant du même coût les problèmes. Jusqu'à maintenant, notre expérience est limitée mais nous connaissons les problèmes associés à ces édifices et avons bon espoir de relever le défi et d'arriver à les résoudre.

## NOTES

1 Wilding, Richard (1990), *The Care of Redundant Churches. A review of the operation of the Redundant Churches Fund.* Londres, 8, HMSO, Department of Environment, Angleterre.

2 Wilding, Richard (1990), *The Care of Redundant Churches. A review of the operation of the Redundant Churches Fund.* Londres, 7, HMSO, Department of Environment, Angleterre.

3 Churches Conservation Trust, *What is the Churches Conservation Trust?* dépliant.

4 Church of England, *Pastoral Measure*, 1983, Section III, clause 44-(4) : 37.

5 Churches Conservation Trust, *What is the Churches Conservation Trust?* dépliant.

6 Church of England, *Pastoral Measure*, 1983, Section III, clause 44-(5)(b) : 37.

# Les activités du *Historic Chapels Trust*

Jennifer M. Freeman
Director
Historic Chapels Trust
Londres

## Introduction

Les sempiternelles mésententes entre le roi Henri VIII (1547) et la papauté ont entraîné la sécession au sein de l'Église catholique romaine et, finalement, l'établissement de l'Église d'Angleterre[1]. Mais la Réforme[2] a également engendré la création de maintes communautés séparatistes et indépendantes qui ne promettaient pas allégeance à l'Église nouvellement établie et qui ont survécu en dépit des répressions répétées. Même après l'adoption de l'*Act of Toleration* en 1689[3], le nombre de leurs fidèles est demeuré relativement bas ; on dénombrait alors deux mille quatre cent dix-huit temples non-conformistes et des confessions comme le congrégationalisme, le baptisme, le presbytérianisme et le quakerisme sont apparues.

À la fin du XVIII^e^ et au début du XIX^e^ siècles, le mouvement de Renouveau évangélique a favorisé une augmentation considérable des baptistes et des congrégationalistes pratiquants et a renforcé l'emprise de l'unitarisme au sein de la classe moyenne pour donner naissance au mouvement méthodiste. Bon nombre de ces groupes ainsi que les chapelles qu'ils ont construites survivent encore. Le catholicisme romain[4] a aussi survécu à l'opposition, dans des régions éloignées, parmi de riches familles catholiques qui ont érigé leurs propres chapelles. Des prêtres itinérants disaient la messe pour les catholiques de Londres, soit dans des résidences privées soit dans des ambassades étrangères. Vers la fin du XIX^e^ siècle, de nouveaux groupes d'immigrants ont établi leurs propres confessions en Angleterre et d'autres religions, dont le judaïsme, se sont implantées.

## Le vingtième siècle

La pratique religieuse a diminué, et ce, de façon plus marquée parmi les confessions non-conformistes[5] établies depuis longtemps. Les nombreux lieux de culte dépassant largement les besoins, bon nombre ont été démolis ou abandonnés dans un état de délabrement avancé. Certains ont subi des réfections peu respectueuses qui les ont défigurés ; d'autres encore ont été dépouillés. Dans les quartiers centraux, l'exode massif vers les banlieues a donné le ton et des chapelles ont perdu l'assemblée de leurs fidèles. Ainsi, des églises et des chapelles devenues trop lourdes à supporter ont été laissées dans un état lamentable en raison du manque de ressources. En conséquence, elles ont été victimes de vandalisme et d'incendies criminels. L'étendue réelle du problème est difficile à évaluer, mais des études ponctuelles indiquent qu'un nombre important d'édifices de grande valeur architecturale et historique ont été irrémédiablement endommagés ou détruits au cours du dernier quart de siècle[6].

De 1985 à 1992, on a enregistré au-delà de cent demandes de démolition d'édifices non-anglicans classés et la plupart visaient des lieux de culte importants[7]. Par ailleurs, il faut bien souligner que les chapelles non-conformistes, surtout les églises catholiques romaines, ont fait l'objet de très peu de recherches scientifiques. Bon nombre d'édifices qui devraient paraître sur la liste officielle des monuments classés[8] ont été oubliés, mais ces lacunes sont graduellement comblées.

## Le *Historic Chapels Trust*

Le *Historic Chapels Trust* (HCT) a été créé en 1992 pour faire l'acquisition de chapelles, d'églises et d'autres lieux de culte en Angleterre, en autant qu'ils présentent un grand intérêt architectural et historique et qu'il soient réellement désaffectés par le culte. La nécessité d'un tel organisme avait été admise depuis longtemps. Les attributions du Trust couvrent tant les édifices non-conformistes, catholiques romains ou d'autres religions, que leurs contenus, leurs cimetières et leurs dépendances. Ces édifices sont habituellement inscrits dans la classe I ou II* de la liste officielle des monuments historiques. En les acquérant, le Trust assure l'avenir des édifices les plus importants du patrimoine non-anglican qui ont été déclarés en surplus[9].

Dans tous les cas, le Trust est un « acheteur de dernier recours ». Il tentera de conseiller et d'appuyer les efforts d'une communauté qui essaie de survivre plutôt que de l'encourager à se déclarer en surplus. En l'absence de parties intéressées, le Trust se voit comme le « secoureur » des propriétaires de chapelles dans le besoin, mais il n'interviendra que s'il est impossible de trouver une alternative acceptable. Par ailleurs, le Trust ne se penche que sur les édifices situés en Angleterre. Le caractère religieux distinct, ajouté aux politiques gouvernementales différentes qui prévalent en Écosse et au pays de Galles, semble indiquer que des entités indépendantes répondraient mieux à leurs besoins.

### Les objectifs

Après avoir fait l'acquisition d'un édifice, le Trust commande une enquête et entreprend un programme de réparations supervisé par un architecte professionnel. La restauration de certains bâtiments peut être très longue, mais ils sont ouverts aux visiteurs dès que faire se peut. L'objectif étant de conserver les édifices dans leur état original, autant qu'il soit possible de le faire, seules des utilisations de rechange « légères » sont envisagées et le Trust n'entreprend aucune reconversion. Il privilégie des activités telles que concerts, récitals, festivals et encourage largement l'utilisation occasionnelle des édifices pour les offices religieux, les baptêmes, les mariages et les funérailles.

Les régisseurs sont bien conscients qu'ils sont au service de la population et qu'ils doivent idéalement recevoir l'appui de la communauté locale pour la tenue de leurs activités. Dans la mesure du possible, un comité local de gestion est créé pour chaque chapelle ; ce comité a la responsabilité d'organiser des activités tout en respectant les restrictions des édifices protégés. Pour des raisons de sécurité évidentes, l'ouverture des édifices doit malheureusement être limitée, mais le responsable des clés est bien connu, ce qui en facilite l'accès. On se doit de réglementer l'utilisation des chapelles pour protéger leur fragilité.

## Les transferts

Le transfert des droits de propriété au HCT par les régisseurs sortants se fait généralement par acte de donation, pour une somme symbolique. En effet, un Trust responsable de lieux cultuels est habituellement constitué en organisme de charité et une clause du *Charities Act* de 1993[10] autorise ces Trusts à acquérir un édifice d'un autre organisme de charité, en bas de sa valeur marchande, après entente avec les propriétaires. En outre, le Trust reçoit parfois, des membres sortants, des dons destinés à l'entretien futur d'un bâtiment. Par ailleurs, si une chapelle est acquise d'un propriétaire privé il faut trouver un terrain d'entente. L'ensemble des responsabilités liées aux programmes de restauration et de financement est en grande partie laissé aux régisseurs.

## Les campagnes de souscription

Auparavant, c'était le *English Heritage*[11] qui subventionnait jusqu'à soixante-dix pour cent des réparations aux structures des chapelles admissibles du HCT. Le *Heritage Lottery Fund*[12], créé il y a trois ans, s'acquitte maintenant de cette tâche. Ce dernier offre un pourcentage de subventions supérieur couvrant un plus grand éventail de travaux. Environ soixante-dix pour cent des besoins financiers de base du HCT sont couverts par le *English Heritage*, mais malgré cet arrangement relativement généreux, trente pour cent du financement doit être puisé à des souscriptions privées. La majorité des demandes sont faites à des organismes de charité et à des entreprises commerciales. La souscription est donc une activité incontournable du HCT.

Les entreprises locales et les groupes d'Amis souscrivent de modestes sommes. Bon nombre de ces Amis œuvrent dans leur confession respective ou dans les chapelles du HCT. D'autres encore, membres de la communauté locale, motivés par la présence du HCT et l'intérêt qui en découle, participent avec beaucoup d'enthousiasme. L'une des activités de relations publiques importantes est le recrutement de nouveaux Amis. Les Amis reçoivent un bulletin semestriel en reconnaissance de leur engagement.

L'appui des différentes confessions est très restreint ; la plupart ont des moyens financiers limités et ne veulent pas appuyer des édifices qui sont inutiles à leurs besoins de culte.

Par ailleurs, le Trust a réussi à obtenir, de sources privées, des fonds ou des engagements dépassant sept cent cinquante mille livres et un programme d'acquisition et de réparations de plus de un million six cent mille livres a déjà été approuvé.

## La philosophie

Le programme de réfection du HCT est très astreignant. Les régisseurs exigent les plus hautes normes professionnelles en matière de conservation et de nouvelles installations. En plus d'embaucher des architectes et des ingénieurs, le HCT consulte des spécialistes de divers domaines tels que la restauration de peinture historique, la restauration d'orgue, la mise en valeur du paysage ou la sauvegarde de la faune et de la flore. La philosophie peut varier selon la chapelle, mais pour ce qui est de la conservation des étoffes liturgiques, l'approche « conservatrice » est une constante préoccupation. En cas de nécessité absolue, le Trust peut autoriser le remplacement d'étoffes ou de mobilier. Enfin, le Trust peut occasionnellement commander une nouvelle construction en autant qu'elle augmente l'utilité de la chapelle sans en compromettre la structure historique, le style ou le site.

## La *Todmorden Unitarian Church*, West Yorkshire

Lors de son lancement officiel, en 1993, le Trust a conclu une entente pour l'acquisition de la *Todmorden Unitarian Church*. Todmorden est une petite ville industrielle dans le West Yorkshire, au nord-est de Manchester. Classée I, cette église dessinée par John Gibson, a été construite de 1865 à 1869 à la mémoire de John Fielden, éminent manufacturier de coton, philanthrope et député réformateur[13].

L'église, de style gothique victorien, s'élève comme un élément dominant au-dessus de la ville avec la haute flèche qui coiffe sa tour, sa nef et ses allées allongées. Fait remarquable pour un édifice des *unitarians*, le plan intérieur, d'influence entièrement anglicane, arbore une table de communion, des stalles de chœur et une

*Todmorden Unitarian Church, West Yorkshire (photo National Monuments Record Centre).*

chaire somptueusement sculptées. Des colonnes cylindriques en marbre de Devon se dressent dans les impressionnantes voûtes de la nef et de splendides vitraux importés de Bruxelles ornent les fenêtres du chœur[14].

**Le délabrement**

En raison du manque de ressources, l'église a dû fermer en 1987. En 1993, le vandalisme et la décrépitude avaient fait leur œuvre bien que, heureusement, le contenu de l'église soit demeuré intact. Les toits en ardoise n'étaient plus étanches, de nombreux grillages décoratifs en métal, d'art grotesque, étaient endommagés ou manquants et, près des stalles du chœur, un début de pourriture sèche menaçait le buffet de l'orgue. Les installations d'électricité, de chauffage et de sécurité demandaient à être entièrement remplacées.

De nombreux arbres morts ou pourris envahissaient le cimetière alors que d'autres auraient eu réellement besoin de passer entre les mains d'un chirurgien habile. Un enchevêtrement de ronces et de monuments tombés jonchait les allées, là où jadis des sentiers bien entretenus avaient si merveilleusement dessiné le paysage. Le pavillon, classé II, était pratiquement en ruines.

**Les réparations**

L'église est devenue la propriété du HCT en 1994. Les régisseurs mandatèrent Graham Holland, architecte d'expérience dans la restauration d'églises, pour analyser l'importance et le coût des réparations. Il évalua à 350 000 £ la restauration de l'extérieur de l'église et du pavillon pour en faire la résidence du gardien. Les tâches suivantes furent jugées prioritaires : réparation de la toiture, suppression de la pourriture sèche et éradication des arbres dangereux. La phase I du projet fut complétée en 1996 au coût de 126 900 £. La phase II, qui comprend les réparations à l'église et la restauration du pavillon, a récemment été approuvée pour un coût de 175 000 £. Une phase finale restera à réaliser : nouvelles installations (environ 50 000 £), réparation de l'orgue (75 000 £), remise à neuf des cloches et du clocher (35 000 £), en plus de la conservation des monuments, la remise en valeur du paysage historique et l'aménagement d'un modeste parc public. Ce programme d'envergure rendra l'église à la communauté, ajoutera au plaisir des visiteurs et améliorera considérablement le paysage.

**Le financement**

En réponse à ses diverses demandes, le projet a reçu plus de 100 000 £ de *English Heritage*, 100 000 £ du *Heritage Lottery Fund* et 50 000 £ du Trust, en plus des montants laissés par les régisseurs précédents. Par ailleurs, on fait présentement appel à des dons privés et l'on prévoit présenter une autre demande au *Heritage Lottery Fund* pour les réparations à l'orgue et au clocher.

**Le comité local**

Dès le départ, on avait décidé de tenir une rencontre publique, présidée par le maire de Todmorden, pour recevoir les commentaires de la population locale. À l'issue de cette réunion, un comité de bénévoles a été mis sur pied, le premier « comité local de gestion » du Trust. Ce comité organise maintenant des journées portes ouvertes, des visites guidées et des groupes de bénévoles pour nettoyer les cimetières ; il veille aussi au financement de modestes travaux de réparation. Les *unitarians*, appuyés par le HCT, espèrent pouvoir y tenir d'occasionnels offices religieux. L'église est ouverte aux visiteurs dans les limites du raisonnable et un jardinier est embauché pour l'entretien du terrain.

Une fois les réparations complétées, on prévoit aussi la tenue d'activités telles que concerts, expositions, conférences, récitals, visites éducatives et groupes d'études destinés aux jeunes. L'église et son milieu sont graduellement revitalisés, ce qui est un atout pour la ville et les visiteurs.

## La *Dissenters Chapel* et le cimetière Kensal Green, à Londres

L'ouest de Londres est généralement perçu comme un milieu prospère ; pourtant, dans l'un de ses arrondissements les plus riches, se trouve un secteur désigné pour régénération urbaine. On l'a baptisé le *North Kensington's City Challenge*, c'est-à-dire le « défi » de la ville. Un amalgame de fonds gouvernementaux et locaux sont affectés à la revitalisation du quartier délabré, à la création d'emplois et à l'amélioration du milieu. C'est dans cette section du « défi » de la ville que se situe le plus vieux cimetière de Londres, Kensal Green (1832), classé lieu historique protégé. Le cimetière revêt une grande importance dans le paysage historique ; à preuve, il est classé II* sur le registre des jardins nationaux[15].

Dessinée par John Griffith de Finsbury en 1834 dans le style néo-grec, la *Dissenters Chapel* est en ruines. Elle est l'un des quatre édifices religieux classés du cimetière que l'organisme local de soutien, les Amis du cimetière Kensal Green, espérait voir réparés.

En 1995, le HCT a signé avec les propriétaires du cimetière un bail prolongé pour la location de la chapelle et, en 1996, il a entrepris un programme de réparations comprenant la restauration de la charpente de la chapelle, la reconstitution des colonnades latérales arquées, la réparation des catacombes et la construction d'un nouveau centre pour visiteurs à l'arrière des colonnades nord. Un décor peu commun de fresques décoratives a été enlevé.

*La Dissenters Chapel dans le cimetière de Kensal Green, Londres (photo Greater London Record Office).*

Les Amis du cimetière Kensal Green assureront la gestion du centre pour visiteurs à même un petit bureau installé dans la sacristie reconstruite. La chapelle sera utilisée pour différentes activités : petites obsèques, réunions, conférences et expositions. Il est à espérer que les revenus ainsi générés suffiront à couvrir les dépenses de fonctionnement.

**Les subventions**

Nous avons obtenu des subventions du *North Kensington City Challenge* (200 000 £), du *Heritage Lottery Fund* (120 885 £), de *English Heritage* (200 000 £), des *Friends of Kensal Green Cemetery*, du *Historic Chapels Trust*, en plus de modestes dons privés. Rassembler un tel ensemble d'ententes et de moyens financiers fut un travail exigeant.

## La chapelle St. Benet, à Netherton, Merseyside

La ville de Liverpool, à l'embouchure de la rivière Mersey, est riche d'édifices historiques et de grandes églises catholiques romaines. Le catholicisme romain y a survécu aux cultes dissidents et s'est vu renforcé par des vagues d'immigrants irlandais au cours du XIX^e^ siècle. Au début de 1995, le *Historic Chapels Trust* a acheté la chapelle St. Benet et son presbytère, situés au nord de la ville.

Avec le *Catholic Relief Act* de 1791[16], les catholiques obtenaient le libre exercice de leur religion et la possibilité de construire des églises (quoique dépourvues de cloche et de clocher), à la condition que ces lieux de culte soient certifiés par un juge de paix. Même si elles respectaient ces conditions, les chapelles se cachaient souvent derrière le presbytère. La chapelle St. Benet qui date de 1793 est un témoin de cette époque.

Jusqu'en 1970, la chapelle avait conservé intact son style georgien avec ses délicates menuiseries, sa tribune, ses bancs et sa balustrade ; malheureusement, plusieurs objets furent dispersés après que la chapelle soit devenue trop petite pour la communauté grandissante. Par contre, suffisamment d'objets furent conservés pour convaincre le HCT du caractère et de la qualité de cette chapelle catholique de l'après-Réforme, notamment un autel avec pilastres et frontons et un tombeau d'autel en forme de sarcophage, du début du XIX^e^ siècle. Les régisseurs décidèrent d'acquérir la chapelle et son presbytère en 1993 et, après discussion avec l'Archidiocèse de Liverpool, une enveloppe budgétaire de cent cinq mille livres fut approuvée par le *English Heritage* pour la réparation des bâtiments, par l'intermédiaire du Trust. L'Archidiocèse de Liverpool s'engagea à fournir les quarante-cinq mille livres qui manquaient et à louer lui-même le presbytère par la suite en plus d'offrir au HCT les services d'un gardien et d'un responsable des clés.

Des recherches subséquentes révélèrent que divers objets avaient été conservés ; certains seront réintroduits dans la chapelle alors que d'autres seront reconstitués à l'aide de photos et de documents d'archives. Heureusement, la population locale affectionne ce bâtiment qui devrait éventuellement devenir un lieu de prédilection pour de petits mariages et divers festivals.

## La *Wallasey Unitarian Church*, Wirral, Merseyside

Wallasey, petite ville en bordure du Wirral, fait maintenant essentiellement partie de la grande conurbation de Merseyside. L'église, construite selon les plans de Frederick Waring et d'Edmund Rathbone, fut ouverte en 1899. Avec ses œuvres de Bernard Sleigh et d'autres artisans du *Birmingham Bromsgrove Guild*, son aménagement intérieur est un exemple rare et impressionnant de mobilier *Arts and Crafts*[17] dans un décor religieux non-conformiste. Le retable, dessiné par Harold Rathbone, est de Birkenhead della Robbia. Il y a eu très peu d'altérations et tout est demeuré dans un relativement bon état, bien que l'église soit déclarée en surplus depuis plusieurs années. Bien que peu connu, le bâtiment a une importance nationale certaine et les responsables de la *Unitarian Church* aimeraient bien trouver un nouveau propriétaire bienveillant.

### L'acquisition

Le Trust a fait une demande de subvention au Heritage Lottery Fund pour le coût d'acquisition de trente mille livres, somme modique qui témoigne du manque de solutions de rechange pour l'utilisation de cette église. Un montant supplémentaire de dix mille livres a été mis à la disposition du HCT par un organisme privé de charité. La société civique et d'autres organismes locaux aimeraient y tenir des rencontres, des conférences et d'autres réunions approuvées par l'Église. Le Trust loue la salle paroissiale à une troupe de théâtre locale, bail qu'il espère prolonger indéfiniment. On espère pouvoir accroître l'intérêt de la population, de concert avec le National Museums and Galleries on Merseyside, intérêt qui se révèle essentiel car Wallasey n'est pas une destination touristique courante.

## La *Mary Street Unitarian and Free Christian Church*, à Taunton, Somerset

Taunton est une ville moyenne dans le sud-ouest de l'Angleterre. Aux limites du centre-ville, on aperçoit un groupe de propriétés comprenant la *Unitarian Church* et son cimetière, un presbytère moderne et une belle école classée, de style victorien, présentement louée comme entrepôt. Les problèmes que doit affronter une communauté âgée et déclinante sont énormes. Cet ensemble est offert au HCT qui n'a pas encore décidé s'il est sage d'acquérir un bâtiment scolaire de cette taille, ce qui exigerait qu'il entreprenne un important projet de gestion d'immeubles. Entre-temps, le presbytère qui ne présentait aucun intérêt pour le HCT a été loué à une association de propriétaires.

L'église, qui date du début du XVIIIe siècle, est classée II*. Elle a conservé beaucoup de ses caractéristiques originales dont deux poutres en bois d'œuvre supportant la structure du toit, les tribunes, de magnifiques monuments de marbre et un admirable chandelier de cuivre[18].

## LA *ST. GEORGE'S LUTHERAN CHURCH* À WHITECHAPEL, LONDRES

St. George a été fondée en 1762 pour servir une communauté d'immigrants allemands ; aujourd'hui, elle se trouve en bordure du quartier financier de Londres. C'est la plus vieille église allemande de Grande-Bretagne. Peu d'allemands vivent aujourd'hui dans la région bien que la communauté dispersée ait continué d'y tenir ses offices religieux jusqu'à il y a quelques mois encore.

L'intérieur, qui a très peu évolué depuis la construction, expose un ensemble de bancs d'origine et une chaire à deux niveaux, sous un abat-voix, derrière une série de balustrades somptueuses. De chaque côté, on distingue les tablettes des Dix commandements, en langue allemande, ainsi que les armoiries du roi George III.

Le Trust a conclu une entente avec les administrateurs de la communauté allemande pour acheter l'église et réaliser un programme de réparations évalué à environ cent mille livres. Heureusement, la communauté avait déjà vendu deux

*St. George Lutheran Church, Alie Street, Tower Hamlets, Londres (photo English Heritage Photographic Library).*

édifices voisins et elle a ainsi pu faire une contribution importante au programme. On projette la reconversion de ces bâtiments ainsi que d'autres édifices du secteur et l'on espère trouver les bases d'un comité local parmi les futurs occupants de ces édifices reconvertis.

## LA SYNAGOGUE ET LA *WEAVER'S HOUSE* À SPITALFIELDS, LONDRES

Bien que la majorité des édifices que le HCT acquiert soient de confession chrétienne, les régisseurs sont conscients de la richesse du patrimoine bâti d'autres religions, dont le judaïsme.

À proximité de la *German Lutheran Church*, se trouve le 19, rue Princelet, à Spitalfields, un arrondissement de l'est de Londres où les huguenots — réfugiés protestants de France — se sont établis au XVIII<sup>e</sup> siècle. Des immigrants juifs de Russie les ont progressivement remplacés au XIX<sup>e</sup> siècle et, plus récemment, une communauté de Bengalis, principalement actifs dans l'industrie du vêtement, a graduellement occupé le quartier. Au 19, rue Princelet se dresse une magnifique maison de tisserand, à laquelle une synagogue a été annexée en 1860, dans la cour arrière.

Avec le concours du *Spitalfields Historic Buildings Trust*, le propriétaire actuel, le HCT a maintenant l'intention d'acheter tout le complexe et de le restaurer. Le *Spitalfields Trust* y occupe déjà un bureau mais ce projet de quatre cent cinquante mille livres dépasse ses moyens. Conséquemment, le HCT fera l'acquisition de la propriété pour la sous-louer ensuite au *Spitalfields Trust* qui pourra y exercer ses activités. Ce projet offre de nombreuses possibilités d'ajouter de nouvelles installations, notamment : bibliothèque, musée et centre éducatif. Des demandes de financement seront faites, entre autres, au *Heritage Lottery Funding*, à des promoteurs locaux et à des donateurs privés. Par exemple, on sollicitera une contribution importante de la part d'organismes de charité juifs. Ce projet promet d'être l'un des plus passionnants et stimulants du HCT.

## LES RESSOURCES HUMAINES

Tous les projets dépendent du talent et de la motivation des gens. En ce sens, le *Historic Chapels Trust* a la chance d'être présidé par sir Hugh Rossi, ancien député et spécialiste en matière d'environnement. Parmi les régisseurs, se trouvent le très honorable Alan Beith, député, une autorité en matière de chapelles non-conformistes ; Anthony Rossi, architecte d'expérience dans la restauration d'églises historiques, Christopher Stell, auteur de plusieurs livres qui font autorité en matière d'architecture religieuse ; Neil Burton, secrétaire du *Georgian Group* et Robert Vigars, ancien commissaire de *English Heritage*. Le directeur a la responsabilité de tous les aspects du programme de réparations du Trust, de sa planification financière

*Intérieur de la synagogue au 19, Princelet Street à Spitalfiels, Londres (photo Danny Gralton).*

et de son organisation. Le bureau emploie cinq personnes à temps partiel, dont un comptable et le secrétaire des Amis.

Les régisseurs du HCT prodiguent sans compter temps et connaissances professionnelles. Tous partagent la conviction que les chapelles sont des lieux de régénération spirituelle pour tous, croyants ou non, et, qu'en offrant à ces édifices un avenir renouvelé et revivifié, le HCT enrichit les communautés pour lesquelles ils avaient été construits.

### BIBLIOGRAPHIE

Brierley, Peter, et Hiscock, Val, éd. (1993), *UK Christian Handbook 1994/5*, Londres, Christian Research Association.

Girouard, Marc, *et al.* (1989), *The Saving of Spitalfields*, Londres, Spitalfields Historic Buildings Trust.

Little, Bryan (1996), *Catholic Churches since 1623*, Londres, Robert Hale.

Stell, Christopher (1986, 1991, 1994), *Inventories of Non-Conformist Chapels and Meeting Houses in Central England, South-West England, and the North of England* (3 vol.), Londres, RCHME/HMSO.

Watts, Michael R. (1996), *The Chapel and the Nation*, Londres, The Historical Association.

## NOTES

1 Église anglicane ou épiscopalienne.

2 La Réforme a entraîné la création d'églises protestantes en Europe.

3 Accorder aux *Dissenters* (sauf unitaires et catholiques romains) la libre profession de leur religion lors de réunions officielles.

4 Le droit pénal a interdit la pratique du catholicisme romain, du moins nominalement, jusqu'à l'adoption des *Catholic Relief Acts* de 1778 et de 1791. L'opposition s'est terminée en 1829 avec le *Catholic Emancipation Act*. (L'Acte de Québec, 1774, qui permettait aux Canadiens-français de professer librement leur foi catholique, a donné l'impulsion vers une législation plus libérale en Grande-Bretagne.)

5 Renseignements détaillés dans le *Christian Handbook*.

6 Celia de la Hey *et al.* (1985), *London Churches Are Falling Down*, Save Britain's Heritage. Ken Powell (1980), *The Fall of Zion*, Save Britain's Heritage.

7 Source : *Ancient Monuments Society*.

8 Les listes des édifices d'intérêt architectural et historique sont compilées et classées par le *Department of National Heritage*.

9 Le *Churches Conservation Trust*, créé en 1969 d'abord sous le nom de *Redundant Churches Fund*, fait l'acquisition des églises anglicanes déclarées en surplus.

10 Loi régissant les organismes de charité.

11 Parrainé par le *Department of National Heritage*, il a le pouvoir de subventionner divers travaux de réparations aux structures des édifices inscrits.

12 Régie des loteries établie en 1992 pour financer des projets importants qui dépassent les pouvoirs actuels du Gouvernement notamment l'acquisition, la réparation et l'amélioration de monuments historiques.

13 Law, Brian C. (1995), *Fieldens of Todmorden*, George Kelsall.

14 Stell, 1994 : 193-196.

15 Compilé par le *Department of National Heritage*, ce registre comprend également les cimetières.

16 Little : 19-35, 43-44.

17 Crawford, Alan, éd. (1985), *By Hammer and Hand*, Birmingham Museums and Art Gallery.

18 Stell, 1991 : 324-326.

# La valorisation des églises et des synagogues : les travaux des *Partners for Sacred Places in America*

A. Robert Jaeger
Co-Director
Partners for Sacred Places
Philadelphie

Quand vous entendrez que le centre national de gérance et de préservation des biens d'Église, les *Partners for Sacred Places*, n'existe en Amérique que depuis huit ans, nul ne pourra vous tenir rigueur si vous pensez que sa brève existence peut difficilement lui conférer la crédibilité requise pour qu'il soit intronisé à cette imposante réunion ! Il est vrai que, historiquement, les travaux du centre en sont encore à leurs balbutiements. Pourtant, dans ce court laps de temps, il a accru sa compréhension de la nature et de l'urgence des problèmes auxquels les congrégations, propriétaires de vieux bâtiments, font face et, plus encore, de la nature des nouvelles alliances-bâtiments qui seront nécessaires pour assurer leur survie. Personnellement, je me présente à vous très différent de ce que j'étais il y a huit ans.

Les protecteurs de l'environnement comme moi sont généralement formés pour traiter de sujets très pratiques, ce que je serais tenté d'appeler le « comment » ; entre autres :

- comment documenter le style, l'âge et l'importance d'un édifice,
- comment conserver le toit, les murs et les fenêtres,
- comment utiliser les lois pour promouvoir (ou imposer) la conservation de bâtiments considérés historiques et
- comment rendre la préservation réalisable et intéressante au plan économique.

Par ailleurs, nos connaissances sur le « pourquoi » sont moindres. Pourquoi est-il si important de préserver nos maisons, nos écoles, nos tours à bureau, nos bibliothèques et, évidemment, nos biens d'Église ? Nous sortons habituellement nos vieux chevaux de bataille comme la nécessité de préserver le caractère et la beauté d'un quartier ; cela est fort utile si nous pouvons compter sur une volonté de préserver le patrimoine et l'esthétique, ainsi que sur des fonds venant soit du privé, soit des gouvernements. À d'autres occasions, nous affirmons que des travaux

*Garderie et centre-jour dans l'église épiscopalienne Holy Trinity Memorial à Philadelphie (photo Peter Olson).*

de restauration ainsi que des nouvelles utilisations favoriseraient la reprise économique dans une communauté. C'est aussi vrai, mais encore là, il faut de l'argent pour renflouer une affaire.

Que se passe-t-il donc quand une certaine catégorie de bâtiments est spécialement importante alors que les fonds sont inexistants ? Dans les quartiers urbains les plus pauvres d'Amérique, la société a graduellement accepté la perte d'usines, de secteurs commerciaux et de quartiers résidentiels, parce que les emplois et les ressources se sont envolés. Or, certains habitants n'ont pas voulu ou n'ont pas pu quitter ; ils restent derrière. Comme l'une des raisons d'être des congrégations est de répondre aux besoins de la population, elles restent aussi (bien que, dans bon nombre de cas, elles soient remplacées par d'autres congrégations). En fait, quand les ressources financières se raréfient dans un quartier, les besoins d'aide à l'enfance, les programmes de secours alimentaires, les programmes parascolaires et les refuges pour les sans-abri s'accroissent inversement. Ainsi, plus une congrégation éprouve de difficultés pour réparer son toit ou remplacer sa chaudière, plus elle a de pressions pour partager son édifice avec ceux qui peuvent difficilement payer ce privilège.

Il n'est pas suffisant pour les spécialistes en environnement de dire qu'il est important de sauvegarder telle ou telle église parce qu'elle est un exemple frappant du style néogothique, ou qu'elle renferme un bloc important de structures victoriennes. Cela n'apporte pas d'eau au moulin. Ils doivent plutôt montrer que la santé fondamentale et l'identité d'un quartier sont menacées quand ses biens d'Église sont en péril, que ces bâtiments sont d'intérêt public et que, sans eux, de grands secteurs de la communauté urbaine risquent d'être relégués aux oubliettes.

Ceux qui s'intéressent à l'avenir de nos villes doivent déclarer à tous ceux qui veulent bien l'entendre que les bâtiments cultuels ne doivent pas être considérés comme des endroits baptistes, presbytériens, catholiques ou juifs, parce qu'ils ne desservent pas seulement telle confession ou telle foi ; ils nous servent tous. Les leaders municipaux doivent s'assurer que tous partagent la volonté de garder ces endroits actifs et bien entretenus.

Nous arrivons maintenant à l'un des objectifs primordiaux des *Partners for Sacred Places*. Cet organisme a été fondé en partie pour créer un consensus actif et énergique autour de l'intérêt public des lieux sacrés. Pour ce faire, il a entrepris, entre autres, des recherches fondamentales sur l'utilisation courante des bâtiments religieux qui ont démontré que :

- Les lieux sacrés desservent la population entière. Ils desservent les non-membres deux fois plus que les membres. Ainsi, la plupart du temps et pour la plupart des gens qui les utilisent, les bâtiments religieux sont, de fait, des centres communautaires. Comme ces endroits desservent plus d'enfants et de jeunes que toute autre catégorie de population, les *Partners for Sacred Places* ont obtenu des fonds pour publier une brochure sur les lieux sacrés et les services aux familles, intitulée *Serving Families in Sacred Places*, en collaboration avec le fondateur du *Center for Urban Family Life in Oakland*, de Californie.

- Toute la population bénéficie des concerts, des récitals et des spectacles qui s'y tiennent. Ainsi, les *Partners for Sacred Places* préparent présentement une deuxième publication pour encourager davantage les congrégations et les groupes artistiques à collaborer à la présentation, dans les lieux sacrés, de programmes culturels intéressants et essentiels.

- Le fait que ces endroits survivent aux changements et à la détérioration donne un sentiment général d'espoir et de continuité. Ainsi, les *Partners for Sacred Places* sont en mesure d'aider une église qui doit accepter une utilisation ou un propriétaire différent. La plupart des lieux de culte vivent un certain degré de transition au fil des changements de direction, de l'augmentation ou de la diminution des budgets, ou de nouvelles programmations. Conscients que ces changements sont parfois particulièrement considérables et difficiles, les *Partners for Sacred Places* ont publié un livre intitulé *Sacred Places in Transition*, à la suite des fermetures massives de paroisses à Détroit, et ils sont heureux d'apprendre que ce livre a servi ici, à Québec, après la fermeture d'une importante église.

- Quand une communauté connaît la division et la peur, tous peuvent trouver refuge et réconciliation à l'intérieur d'un bâtiment cultuel. Les églises et les synagogues sont des endroits de réunion où l'on règle des problèmes et célèbre des événements. C'est comme si la vieille coutume de Nouvelle-Angleterre, où les églises servaient aussi de salle municipale, était adaptée et mise à jour afin de répondre aux besoins du vingtième siècle.

Toutes ces activités sont rendues possible parce que les congrégations fournissent d'énormes subventions aux programmes qu'elles appuient. La somme de l'espace, des services, du bénévolat, du personnel, du support non financier et des subventions fournies par la congrégation urbaine moyenne dépasse cent mille dollars par année. À Philadelphie seulement, l'investissement annuel est d'environ quatre-vingt millions de dollars par année !

En résumé, les *Partners for Sacred Places* créent un consensus autour de l'intérêt public des lieux sacrés. De plus, ils s'occupent :

- D'ententes avec des organismes et des groupes qui ont un intérêt dans ces lieux. Qui se serait attendu à ce que les *Partners for Sacred Places* travaillent avec le *Children's Defense Fund* ou les *Americans for the Arts* ? Ils le font parce que les groupes nationaux et régionaux qui se portent à la défense des enfants, des organismes culturels ou des aînés voient le lien entre les programmes et ce que l'on pourrait appeler « l'infrastructure », c'est-à-dire les immobilisations, comme les bâtisses, qui rendent les activités quotidiennes possibles.

- De modifications aux politiques et aux subventions gouvernementales, pour que les congrégations soient mieux reçues quand elles cherchent de l'appui et des partenaires. Les *Partners for Sacred Places* ont entrepris un important projet de politique publique qui mènera à un sommet national où les leaders de services philanthropiques, gouvernementaux, religieux, artistiques, sociaux et de développement communautaire seront appelés à se concerter pour planifier les meilleures façons d'accroître les ressources destinées à l'entretien des lieux sacrés.

- D'un ensemble d'activités d'éducation populaire et de célébrations appelées *Open Arms/Open Doors* (bras ouverts/portes ouvertes), dont la première aura lieu à Philadelphie. Dans un effort régional visant à accroître l'appui de la population, des centaines de congrégations seront invitées à ouvrir leurs portes, au printemps 1998, pour démontrer de quelle façon leur bâtiment dessert la communauté.

- D'un bon centre de ressources pour mettre l'information utile à la disposition de la population. Le centre d'information est accessible à tous ; en outre, il distribue dans le monde entier une gamme de publications importantes. Quand il n'existe pas de publication appropriée pour répondre à un besoin urgent, les *Partners for Sacred Places* tentent d'en créer une. Ainsi, ils publient présentement une mise à jour du livre *The Complete Guide to Capital Campaigns for*

*Historic Churches and Synagogues*, qui est beaucoup utilisé dans tous les États par les organisateurs de souscriptions et les leaders religieux.

- D'un réseau bien organisé d'organismes et d'individus unis dans une cause commune. Les *Partners for Sacred Places* réunissent occasionnellement les organismes locaux d'Amérique, dont le *Historic Boston Incorporated*, qui offrent des programmes d'aide aux congrégations aux prises avec des bâtiments historiques ; il a parrainé six conférences nationales appelées les *Sacred Trusts*. Il peut aussi aider à planifier et à promouvoir des conférences et des colloques locaux et nationaux dans toute l'Amérique et, depuis 1989, il a participé à de nombreux rassemblements dans le but de faire connaître l'Évangile.

Les *Partners for Sacred Places* sont un organisme interconfessionnel qui apprend de toutes les traditions religieuses et qui s'intéresse à toutes. Leur portée est nationale ; ils entretiennent des relations, entre autres, avec des collègues du Canada et du Royaume-Uni. Ils s'intéressent aux questions et aux problèmes touchant tous les édifices des congrégations, du lieu cultuel au couvent, en passant par la salle paroissiale. Ils s'intéressent à l'utilisation originale ainsi qu'à la réutilisation : église en église, ou église reconvertie en salle de concert ou en salle de réunion.

Enfin, ils essaient de rester ouverts aux nouveautés et prêts au changement afin de poursuivre leur mission avec une énergie et une perspicacité renouvelées. Nous sommes donc ici parce que nous voulons apprendre de vous tous !

*Église de la mission San Miguel à Santa Fe, Nouveau Mexique (photo Luc Noppen).*

*La cathédrale Saint-Pierre et Saint-Paul à Providence, Rhode Island (photo Robert A. Jaeger).*

# L'Église dans la ville : le projet du diocèse catholique de Cleveland

Rita Mary Harwood, s.n.d.
Secretary for Parish Life and Development
Diocese of Cleveland
Cleveland (Ohio)

« La dégradation et l'étalement urbains sont des drames moraux » pouvait se lire en sous-titre d'un article intitulé « *Bishop in the City* », c'est-à-dire un évêque dans la ville, paru dans le numéro de mars-avril 1997 de la revue *Preservation, The Magazine of the National Trust for Historic Preservation*. Si cet énoncé est vrai, unifier et reconstruire se veulent l'expression des valeurs que nous partageons en tant qu'individus déterminés à donner un sens à notre vie.

Cette croyance est au cœur même du défi lancé par M^gr^ Anthony M. Pilla et relevé par l'Église du diocèse de Cleveland. Je suis vraiment honorée de vous présenter ce projet aujourd'hui. Je remercie chaleureusement le maire de la ville de Québec, M. Jean-Paul L'Allier, et les membres du comité organisateur du colloque de m'avoir invitée, me donnant ainsi la possibilité, en plus de présenter l'expérience du nord-est de l'Ohio, d'apprendre de vos expériences à tous, vous qui devez relever des défis semblables dans d'autres régions du monde.

Le 23 avril 1997 marquait le début d'une année de célébrations pour souligner le 150^e^ anniversaire du diocèse catholique de Cleveland, établi en 1847. La population du diocèse a choisi comme thème : célébrons les grâces de Dieu. Nous considérons bien sûr les faveurs indéniables obtenues par le passé, mais aussi celles que nous sommes à même d'observer aujourd'hui ainsi que celles que nous espérons obtenir pour l'avenir. Nous définissons le mot « grâce » par : don d'une faveur ou d'une présence divine. Dans l'Apocalypse, nous pouvons lire : « Voyez-vous cette ville ? Ici Dieu vit parmi le peuple ! ». L'Église témoigne de la présence fidèle de Dieu parmi nous et c'est cette conviction qui m'incite à m'adresser à vous aujourd'hui.

## Un retour dans le passé

Les personnes qui se sont établies dans la région métropolitaine de Cleveland représentent une extraordinaire diversité multiculturelle : une panoplie de nationalités et de races différentes qui apportent toutes, à leur façon, une riche tradition de pratiques culturelles, de valeurs et de savoir-faire bien enracinés. Ces personnes se sont établies en communautés ; elles se sont battues et ont travaillé ensemble pour construire maisons, commerces, centres sociaux et églises.

Des peuples de soixante-trois différentes nationalités se sont établis dans ce qui est devenu le diocèse de Cleveland : Allemands, Polonais, Hongrois, Irlandais, Slovaques, Slovènes, Croates, Italiens, Grecs, Bohémiens, pour n'en nommer que quelques-uns. Ils ont construit de magnifiques églises au cœur même de leur communauté respective. Chaque église symbolisait la foi du peuple immigrant, son désir de se rassembler, l'importance d'un endroit agréable et convenable pour louer leur Dieu et lui exprimer leur amour. Chaque église fut construite au prix de durs labeurs et de sacrifices, souvent une réplique de l'église laissée dans la mère patrie, exprimant ainsi le désir de la communauté de commencer une vie nouvelle dans la même foi tout en conservant sa richesse culturelle. L'église était la pierre angulaire même du quartier autour de laquelle tout évoluait : maisons, écoles, centres communautaires, commerces et services. La présence de l'église paroissiale donnait un sens communautaire, créait un sentiment d'appartenance, d'identité et un sens des vraies valeurs. L'église devenait un symbole pour les communauté voisines et, éventuellement, la ville et même la région tout entière.

Des ponts de la ville, on aperçoit clocher après clocher démarquant quartier après quartier. Cleveland abrite les gens des confessions variées qui l'ont construite. Notre riche tradition culturelle s'est développée sur l'amour de la beauté et de son expression artistique. Notre ville est bien établie avec des racines profondes, un patrimoine diversifié, un sens des vraies valeurs et des croyances religieuses. Comme plusieurs villes, nous avons aussi vécu notre lot de ségrégation, de séparation, de discrimination et de préjugés. Un peuple aussi talentueux qui a relevé autant de défis a toutes les raisons du monde d'entrevoir l'avenir avec optimisme. Dans ce contexte, il est logique d'accorder une attention toute particulière à la place des bâtiments cultuels, témoins de nos origines, de notre grand désir de relever les défis actuels et de nos plus grandes aspirations pour l'avenir.

## Le contexte actuel

Le caractère de consommation rapide, « jetable » et superficielle des temps modernes soulève toutes sortes de questions, notamment sur l'identité, les valeurs stables, le sens commun, les relations avec autrui et le rôle de l'ensemble des services sociaux. Nous sommes constamment à la recherche de nos racines et des valeurs stables qui donnent à la vie sens, profondeur et espoir. Ernst Bloch, philosophe allemand, écrivait que l'architecture est le signe visible de l'espoir. L'architecture religieuse témoigne de ce qu'il y a de plus profond dans le cœur des gens : les traditions, les valeurs et les croyances qui expriment le mieux l'identité d'un peuple. De nos jours, l'architecture religieuse revêt donc une très grande importance.

M^gr^ *Anthony M. Pilla (photo Diocese of Cleveland).*

En novembre 1993, Mgr Anthony Pilla a publié une lettre pastorale, *The Church in the City* ou « l'Église dans la ville », qui tentait d'analyser et de comprendre la menace de l'étalement urbain dans le nord-est de l'Ohio. En sa qualité d'évêque de la communauté catholique de cette région qui compte huit comtés, il y débattait des répercussions de la migration vers les banlieues. Sa missive identifiait un certain nombre de changements démographiques, économiques, sociologiques et religieux survenus sur une période de cinquante ans, changements qui ont profondément affecté la vie de la communauté, tant en ce qui a trait à l'économie et au développement qu'à la religion et au sens identitaire de la région.

Comme tant d'autres villes situées dans des centres industriels en Amérique du Nord, Cleveland a vécu les conséquences des années de migration vers les banlieues et des investissements irrationnels qui ont favorisé le logement, le transport et l'économie dans les régions périphériques aux dépens des centres-villes. Les difficultés des villes se sont accrues en raison des politiques gouvernementales et des subventions en faveur du développement de banlieues de plus en plus éloignées. De nombreux facteurs ont contribué à ce phénomène, nommément : les questions sociales de race, de classe et de culture, la peur du crime, les inquiétudes concernant l'éducation, les moyens de transport, la disponibilité des emplois, les avantages économiques et l'attrait pour tout ce qui est nouveau. Pour plusieurs aux États-Unis, changer de niveau social voulait également dire changer de quartier. Toutes ces décisions, tant publiques que privées, ont accéléré l'étalement urbain.

La population de la ville de Cleveland a atteint son point culminant de neuf cent quinze mille dans les années cinquante, alors qu'environ quatre cent cinquante mille personnes demeuraient dans les banlieues environnantes. Aujourd'hui, ces données sont littéralement renversées. La population totale est la même ; elle s'est simplement dispersée sans augmenter. Le fardeau fiscal des villes change au rythme des mouvements de la population. La région urbaine abrite maintenant les pauvres et les minorités raciales. Or, les ressources sont inversement proportionnelles aux besoins. Les investissements irrationnels favorisent le logement et la croissance économique dans les banlieues périphériques au détriment des vieux quartiers urbains. Plusieurs sont convaincus qu'il serait illogique de s'établir dans les quartiers centraux. Une étude du *Urban Studies Department* de la *Cleveland State University* en 1988 a révélé que la seule raison qui retenait encore les gens au centre-ville était la présence de l'église et de l'école catholique.

Dans le diocèse de Cleveland, l'étalement urbain a engendré toutes sortes de problèmes. Plusieurs membres de la communauté catholique se trouvent parmi les « déserteurs ». Ils ont délaissé leurs superbes grandes églises et leurs propriétés si bien entretenues. Les signes de cet abandon et du manque de ressources des communautés qui supportent ces propriétés commencent à se faire sentir. Nous sommes appelés à prendre conscience des ravages dans la communauté déclinante et de la vitalité menacée des paroisses centrales, ainsi que de l'isolement qui en résulte. Les discriminations s'accentuent, tant au point de vue racial, économique et culturel, que l'inégalité de l'accès à l'éducation. Les conséquences de ces ségrégations sont néfastes, non seulement pour la région, mais pour la vie de toute la communauté croyante. Cet isolement engendre préjugés, malentendus et exclusion ; il freine les actions homogènes, créatrices et cohérentes qui pourraient assurer le bien commun.

Dans sa lettre pastorale sur « l'Église dans la ville », M^gr^ Pilla a lancé un appel de concertation au million de catholiques qui représentent le tiers de la population totale de la région, pour :

- réfléchir sur la situation actuelle à partir des enseignements fermes de l'Évangile et de la religion catholique centrés sur des préceptes de justice sociale ;
- participer à l'élaboration de solutions à tous les niveaux : diocésain, paroissial et individuel ;

- intervenir dans les communautés paroissiales et inter-paroissiales, en collaboration avec les entreprises, les gouvernements, les groupes locaux et les autres groupes confessionnels.

Pour les croyants, cet appel n'est pas une option. C'est la réalité de l'Église catholique : une seule grande communauté unie dans la foi, qui respecte les diversités, qui les favorise même, mais solidaire de la grande famille mondiale. Peu importe où nous vivons ou ce que nous sommes, nous avons tous des talents et des dons que nous devons cultiver et partager avec les autres. Conséquemment, le défi de reconstruire des centres urbains vibrants ne revient pas aux seuls habitants des régions urbaines, mais à ceux de toute la région. La sagesse, les compétences et les ressources de toute la région doivent êtres mises en commun si nous voulons nous acquitter de notre responsabilité de construire une société juste et bonne. La reconstruction de nos villes, de leur tissu économique et social, n'est qu'un aspect du défi que nous devons tous relever aujourd'hui. Le défi de reconstruire tout ce qui a été brisé dans la communauté de nos familles et de nos voisins touche le cœur et la vie de chacun d'entre nous. Et la communauté croyante a un très grand rôle à jouer pour faire de cette mission un succès !

Un très grand processus consultatif a été conduit afin d'élaborer le plan de mise en œuvre ; ainsi, divers forums de discussion sur la mission et les stratégies de réalisation du projet furent organisés dans les paroisses, les institutions d'enseignement, les congrégations religieuses, les groupes inter-confessionnels, les groupes civiques et les entreprises. Un plan fut élaboré par la prière et la consultation. Cette étape était essentielle pour l'élaboration d'un plan crédible qui devait recevoir un appui unanime.

Au cœur de ce plan de mise en œuvre, un constat : nous sommes tous appelés à nous convertir, à effectuer des changements profonds, à mieux comprendre ce que signifie vivre l'enseignement et la mission de notre foi dans chaque aspect de notre vie et à reconnaître notre interdépendance régionale. Les réactions positives et le haut niveau de participation des paroisses à travers la communauté élargie nous permettent d'être très optimistes.

Les répercussions de ce plan se font sentir dans toute la région :

- C'est une source d'espoir et de courage pour plusieurs qui partagent des inquiétudes et des valeurs similaires.

- « L'Église dans la ville » gagne l'attention des médias locaux et nationaux, encourageant les urbanistes et les gouvernements à anticiper les répercussions de cette vision quand ils jonglent avec des questions et des problèmes régionaux et locaux. Et des membres inspirés du milieu des affaires demandent maintenant comment développer des partenariats avec nous.

- Cette vision touche une corde sensible dans le cœur de plusieurs, ce qui lui confère le pouvoir de rassembler des gens représentant plusieurs intérêts, de les inviter à s'asseoir à une même table pour se parler et, conséquemment, en arriver à une action commune.
- Plus récemment, des leaders religieux représentant toutes les confessions traditionnelles du diocèse se sont réunis pour analyser des avenues de collaboration afin de poursuivre la vision de « l'Église dans la ville ».

Le grand plan de mise en œuvre touche neuf volets : 1) formation continue, 2) formation au leadership, 3) proclamation de la bonne nouvelle, 4) analyse et sensibilisation, 5) structures des paroisses et relations interdépendantes, 6) re-création 7) partenariats avec les institutions d'enseignement, 8) coopération inter-confessionnelle et 9) appui structurel continu du diocèse.

Forts des résultats de la consultation auprès de la population du diocèse, nous avons identifié quatre priorités pour les deux premières années de la mise en œuvre : formation continue, partenariats paroissiaux, re-création et sensibilisation.

Les intervenants ont demandé à recevoir une aide pédagogique et formatrice pour la mise en œuvre de « l'Église dans la ville ». Bien que Vatican II nous ait demandé d'intégrer foi et vie, beaucoup prennent véritablement conscience de la signification de cet appel pour la première fois. Ainsi, quand on lui demanda de participer à un programme de conseiller en emploi, un paroissien remarquait que, pour la première fois de sa vie, son Église avait besoin de lui ; ou peut-être prenait-il conscience de cet appel pour la première fois ? En cette période, nous accordons une attention toute particulière à diverses façons de rassembler les gens, de franchir les ponts qui nous séparent, d'outrepasser les tensions raciales et économiques qui, trop souvent, engendrent des séparations. Nous parrainons des forums de formation sur la philosophie de « l'Église dans la ville », en accordant une attention particulière à la nature complexe et aux multiples aspects de l'étalement urbain et de ses répercussions sur chacune de nos régions ainsi que sur la vie de chaque personne qui y vit. Au cours de l'année qui vient de s'écouler, cent vingt-cinq personnes de la communauté diocésaine ont participé à un atelier de leadership sur la justice sociale, un stage de formation de dix heures centré sur « l'Église dans la ville ». Ces mêmes stages seront fréquemment offerts dans les années à venir, assurant ainsi une base au leadership dans le diocèse.

Le volet qui a reçu le plus d'attention est probablement celui du partenariat. Nous explorons en effet divers concepts de partenariat paroissial : urbain/suburbain ; rural/urbain ; rural/suburbain/urbain. Chacun est unique et évolue à sa façon, reflétant les communautés paroissiales en question. Depuis quelques années, par l'observation et l'écoute active, nous arrivons à mieux comprendre ce qui sous-tend ces partenariats, notamment : la connaissance profonde de la philosophie de « l'Église dans la ville » ; la réciprocité, où chacun a quelque chose à donner et à recevoir ; les interrelations, c'est-à-dire les expériences personne à personne ; l'aspect intentionnel, ou l'évolution selon un plan précis ; l'inclusion, où tous sont bienvenus ; l'inspiration, c'est-à-dire être présent dans chaque aspect de la vie paroissiale et, enfin, l'appui sur les acquis, ou évoluer grâce à notre courage plutôt que s'apitoyer sur nos problèmes.

Nous utilisons une nouvelle métaphore pour décrire les liens qui se créent entre les paroisses urbaines et suburbaines : les fréquentations et le mariage. On commence par faire connaissance, puis vient la période des incertitudes et de l'acceptation des différences pour arriver à trouver des points communs, à apprécier les complémentarités et, finalement, à créer des liens profonds et à signer un contrat. C'est une bonne façon de remplacer la métaphore précédente qui parlait du déclin, de l'agonie et de la mort des paroisses urbaines et des étapes pour passer du refus à l'acceptation. Les réalités sont les mêmes, mais nous avons changé de perspective. Le fait de passer de paroles de mort à des paroles de vie nouvelle est un signe d'espoir.

Actuellement quatre-vingts communautés paroissiales explorent différentes formes de partenariats. Ainsi, deux paroisses travaillent conjointement pour construire sur deux sites : l'un urbain, l'autre suburbain. Sur le premier site, les intervenants travaillent à l'organisation d'un centre d'accueil pour réfugiés politiques qui arrivent dans la ville. La plus importante association d'épargne et de crédit de l'Ohio a décidé de rester dans la région et de construire le *Broadway Area of Cleveland*, à l'ombre de l'église St. Stanislas, à l'endroit même où la banque s'était originalement établie. Cette décision, appuyée et renforcée par les perspectives de « l'Église dans la ville », rassemblera des groupes de différents milieux : paroissial, local, communautaire, affaires et services dans une concertation axée sur la revitalisation de l'ensemble de la région. Voici un autre exemple concret de ce genre de partenariat regroupant paroisses, commerces, instances municipales et diocèse : dans une proche banlieue qui n'avait vu aucune nouvelle construction depuis cinquante ans, l'on construit actuellement vingt-cinq nouvelles résidences. L'on pourrait citer de nombreuses expériences similaires d'où une constante se dégage : des individus se regroupent, apprennent à se connaître, trouvent des points communs et cherchent ensemble les solutions appropriées.

La troisième grande priorité est la « re-création » de nos villes-centres. L'Église a toujours été engagée dans le développement et la « re-création ». Elle s'est intéressée à des questions telles que des logements décents pour tous ; l'égalité de l'accès à l'éducation ; un travail digne et stimulant avec un revenu adéquat, une formation suffisante et des comportements responsables. La re-création exige qu'un large éventail de partenaires (groupes locaux, milieu des affaires, travailleurs, gouvernements) se regroupent et collaborent à l'amélioration du logement et de

*L'église St. Colman à Cleveland (photo Cleveland Restoration Society).*

l'emploi. En résumé, cela signifie que nous devons agir comme rassembleurs, catalyseurs et piliers, dans des initiatives communautaires de développement économique.

Ce processus nous engage à collaborer. Nos villes et nos gens pourront en retirer d'énormes avantages. Bon nombre des édifices paroissiaux de la ville offrent refuge et services à la population locale. Cela ne diffère pas du passé ; l'église a toujours été perçue comme un lieu d'accueil et d'entraide. La forme de réponse peut différer, mais la mission reste la même. Par ailleurs, on a commencé à établir des centres familiaux dans plusieurs paroisses urbaines, centres qui offriront une gamme de services et d'assistance (formation sur l'achat d'une maison, formation à l'emploi, garderies et centres récréatifs pour enfants ou aînés). On tente présentement d'offrir des stages étudiants, de concert avec la communauté d'affaires, et d'encourager la population de la ville à entreprendre des études supérieures, en collaboration avec les institutions d'enseignement de la région.

La paroisse de St. Colman s'offre en modèle du rôle des édifices religieux dans ce genre d'initiatives. L'intérieur de ce magnifique édifice a été restauré grâce à diverses collaborations. C'est le désir de cette petite communauté paroissiale de rester dans le quartier comme un symbole d'espoir et de la présence du culte qui a stimulé ces efforts collectifs. L'église, fierté des immigrants irlandais qui l'ont construite, s'insère maintenant dans un voisinage diversifié. Cette année, la communauté paroissiale qui offre de nombreux services et programmes à la région a décidé de rénover son église. Ce sont les membres actuels et anciens de la paroisse, le diocèse de Cleveland et la *Cleveland Restoration Society* qui ont fourni le financement et l'expertise nécessaires.

Le dernier volet identifié pour les deux premières années est celui de la sensibilisation. La communauté catholique a une histoire riche d'efforts de justice sociale fondée sur l'ensemble de son enseignement religieux social. C'est en fonction de cette tradition qu'un comité diocésain sur l'aménagement du territoire a été mis sur pied. Ce groupe s'occupera de la promotion et de la sensibilisation afin d'en arriver à des lois et des règlements rationnels tant aux points de vue économique, environnemental et social que moral. Au cours des derniers mois, le comité a participé activement à des études et des planifications régionales et nationales ; il a aussi contribué à l'élaboration de politiques et de règlements touchant le plan de développement de toute la région. La formation d'un comité d'aménagement du territoire est une première, non seulement pour le diocèse de Cleveland, mais pour l'ensemble des États-Unis. Durant la dernière campagne électorale, des soirées d'information ont été organisées pour donner à la communauté la chance de discuter avec les différents candidats de questions concernant « l'Église dans la ville ».

## Regarder vers l'avenir avec espoir

Lors de notre consultation et de nos recherches, la population a exprimé le désir de :

- Vivre selon l'Évangile dans chaque aspect de la vie, ce qui se répercute sur les décisions, les choix et les actions, selon les préceptes de foi.
- Former un peuple, une Église, une ville sans laisser les différences géographiques, économiques, sociales, raciales ou ethniques les séparer.
- Partager ses talents avec les autres, fondant ses relations sur l'échange et le respect.
- Développer des partenariats, des expériences « personne à personne », dans le respect mutuel, ce qui engendrera la créativité, la compassion et la coopération pour relever tous les défis rencontrés.

Nous sommes déterminés à construire et à reconstruire les riches régions urbaines du diocèse et les églises qui nous ont tant inspirés au cours des ans. Notre approche n'est pas celle du planificateur ou du défenseur de l'environnement, mais celle du pasteur ; notre jauge est le besoin de la population ; notre méthode, la participation et l'appui des gens. Ces efforts bâtissent non seulement des espaces et des relations, mais aussi des vies.

Pour l'avenir nous souhaitons que l'Église, fruit des efforts d'un peuple bon et croyant, cœur d'une communauté où les gens unissent leurs efforts, s'appuient et s'entraident, et expression du désir de ces gens de fonder leurs racines dans une foi profonde et une riche culture, puisse être reconstruite par les gens d'aujourd'hui. Nous espérons qu'en la reconstruisant nous continuerons de voir l'essentiel, les vraies valeurs et les symboles de ces valeurs. Vivre ainsi engendre l'espoir et fait de nous un peuple, une ville. Vivre ainsi fait que les générations qui viendront, en regardant nos églises et en prenant conscience de l'héritage que nous avons laissé, se rappelleront ces mots de l'Apocalypse : « Voyez-vous cette ville ? Ici Dieu vit parmi le peuple ! ».

# Le *Boston Steeples Project*

Stanley M. Smith
Executive Director
The Historic Boston Incorporated
Boston (Mass.)

## Le *Historic Boston Incorporated*

Le *Historic Boston Incorporated* fut créé en 1960 par un groupe de leaders de la municipalité dans le but de « conserver et de protéger le patrimoine bâti de Boston et ainsi perpétuer, pour le bénéfice de la postérité, l'héritage architectural, historique et culturel de la ville ». Cet objectif général cachait un objectif initial très spécifique, c'est-à-dire sauvegarder la *Old Corner Bookstore*, une petite librairie située dans le quartier central des affaires. Ce bâtiment datant du XVIIIe siècle était devenu, au XIXe siècle, le centre littéraire des États-Unis.

Les fondateurs de cet organisme de bienfaisance réussirent à obtenir des dons privés totalisant cent mille dollars (somme gargantuesque pour l'époque) pour sauvegarder la *Old Corner*. Encouragés par ce succès, ils achetèrent la propriété et contractèrent un emprunt destiné à sa revitalisation. Au cœur du centre-ville, ce site est devenu avec le temps un actif immobilier très rentable et ses revenus, par l'intermédiaire d'initiatives comme le *Steeples Project*, supportent la conservation du patrimoine architectural de Boston.

Depuis 1979, la principale préoccupation du *Historic Boston* a été de rassembler ressources humaines et financières pour la préservation des sites historiques. Cet organisme entre en action lorsque les lois et les règlements n'offrent pas suffisamment de latitude à la *Boston Landmarks Commission* ou au marché immobilier pour qu'ils obtiennent des résultats concrets. Son mode de fonctionnement est entrepreneurial, c'est-à-dire qu'il prend des risques pour relever des défis ponctuels plutôt que de travailler selon un programme et des critères bien spécifiques dans lesquels les projets devraient s'insérer. Au nombre de ses réalisations, notons : médiation, prêts, obtention de subventions de charité pour des organismes sans but lucratif propriétaires de bâtiments patrimoniaux, aide technique, coordination de transactions immobilières complexes et, à quelques occasions, achat et revalorisation de sites historiques.

Au cours des dix-huit dernières années, le *Historic Boston* a prêté et investi trois millions et demi de dollars dans plus d'une douzaine de projets. Dans les quatre dernières années seulement, il a accordé trois cent soixante mille dollars en subventions d'appariement à vingt-trois propriétaires de bâtiments religieux.

La ville de Boston fut la scène de trois batailles importantes pour la conservation du patrimoine religieux. Ces trois grandes campagnes ont concerné des lieux de culte protestant, catholique romain et juif. Le *Historic Boston* fut au centre de deux d'entre elles, ce qui, dans une tentative de résoudre certains problèmes avant qu'ils ne deviennent des conflits sérieux, mena à la mise sur pied du *Steeples Project*.

## LE *OLD SOUTH MEETING HOUSE*

Le *Old South Meeting House*, construit en 1729, était le deuxième bâtiment occupé par la congrégation de la *South Church* ; il avait acquis une grande importance historique avant la guerre d'indépendance américaine, en tant que lieu de rencontre des patriotes qui contestaient les taxes britanniques. Pendant la révolution, les soldats britanniques y gardaient leurs chevaux.

En 1872, le centre-ville de Boston fut la scène d'un terrible incendie qui le transforma littéralement. Bien que le temple fut épargné, les congrégations commencèrent à délaisser le quartier central des affaires pour construire de nouvelles églises dans le nouveau quartier en vogue de *Back Bay*. En 1875, des dissensions civiques acrimonieuses, tant publiques que privées, s'élevèrent quand la congrégation du *Old South Meeting House* décida de permettre la démolition de son temple et de vendre son terrain pour payer le *New Old South*, de style lombard, situé à *Back Bay*.

*Le Old South Meetinghouse (photo Boston National Historic Park).*

La vente et la démolition imminentes menèrent à la formation de la *Old South Association* qui réussit à amasser quatre cent mille dollars pour l'achat de l'édifice (ce qui équivaudrait aujourd'hui à cinq millions six cent mille dollars). Ils puisèrent cent soixante-quinze mille dollars à des dons privés et empruntèrent le reste de la somme, ce qui leur permit d'ouvrir un musée d'histoire américaine juste à temps pour les fêtes du centenaire, en 1876. Encore aujourd'hui le *Old South* est un musée très populaire ; il appartient à des intérêts privés, mais reçoit des subventions du *National Park Service*.

En 1968, Walter Whitehill, président-fondateur du *Historic Boston* écrivait que l'on devrait se rappeler du *Old South* comme étant la première instance à Boston où le respect du patrimoine architectural et historique a triomphé sur les questions de profits, d'opportunisme, de paresse et de vulgaire facilité[1].

## La *Church of the Immaculate Conception*

En 1986, la *New England Province of the Society of Jesus* entreprit la démolition de l'intérieur de l'église *Immaculate Conception* sans avoir obtenu les permis nécessaires. Des historiens de l'architecture avaient longtemps acclamé cette église comme l'une des plus belles de la Nouvelle-Angleterre. Elle possédait une acoustique exceptionnelle et un grand orgue du XIXe siècle qui était l'un des plus gros au monde. C'est là que le *Boston College* avait été créé avant d'emménager dans un plus grand édifice.

Les activités des jésuites soulevèrent chez les citoyens un tollé de protestations et d'angoisses qui alimentèrent les manchettes. Des activistes du quartier firent signer une pétition demandant à la *Boston Landmarks Commission* de désigner l'intérieur de l'église monument historique, ce qui, sans lui apporter d'argent, assujettirait les transformations futures aux règlements (tout comme l'extérieur qui faisait partie de l'arrondissement historique du *South End Historic District*).

Malgré les fortes tensions entre, d'un côté, les « conservationnistes », les historiens de l'architecture, les citoyens et les anciens fidèles et, de l'autre, les jésuites, la *Boston Landmarks Commission* et les propriétaires des édifices, toutes les parties acceptèrent un moratoire sur le processus de désignation de monument historique pendant que le *Historic Boston*, médiateur et initiateur, tenterait de trouver un terrain d'entente entre les parties concernées.

Au début du processus de médiation, les jésuites acceptèrent l'idée que la reconversion de l'intérieur de l'église en complexe de logement à paliers multiples n'était ni pratique ni réalisable. Ils proposèrent, à la place, que l'intérieur soit utilisé comme lieu de culte.

*La nef de la Church of the Immaculate Conception en 1991, après sa reconversion en Jesuit Urban Center (photo Historic Boston Inc.).*

Beaucoup de temps s'écoula à tergiverser sur les préceptes de théologie libératrice et ceux de Vatican II ; l'on se demandait si les lieux de culte des catholiques romains pouvaient se passer de balustrades, d'autels multiples, d'œuvres d'art, de retables, enfin de tout ce qui ne fait généralement pas partie d'un temple quaker et si la *Landmarks Commission* arriverait à rédiger des critères de désignation qui, en excluant les objets du culte, ne soulèveraient aucun débat constitutionnel concernant la liberté de culte ou la séparation entre l'Église et l'État. Parallèlement à ces démarches, d'autres groupes entraient en action. Des cérémonies de prières se tenaient dans la rue autour de l'église. La *Organ Historical Society* présentait à Rome, au pape et au général des jésuites, une pétition signée par cinq mille organistes, dont l'ancien premier ministre de Grande-Bretagne, contestant la destruction d'un espace qui représentait la parfaite intégration d'un grand orgue à l'art, à l'architecture et à l'acoustique[2].

En dépit de la contestation des propriétaires, la *Boston Landmarks Commission*, avec l'approbation du conseil municipal, désigna l'intérieur monument historique. Malgré les protestations, les jésuites demandèrent et obtinrent l'approbation de la *Landmarks Commission* pour la rénovation intérieure ; ils entreprirent la reconversion de l'espace voué au culte tout en conservant la plupart des grandes caractéristiques architecturales. La transformation la plus controversée fut l'insertion de petits locaux dans l'église pour y aménager divers bureaux ; la commission s'assura cependant que ces aménagements soient réversibles. Sous la supervision de la *Boston Landmarks Commission*, certains objets d'art et d'architecture (entre autres, balustrades, chemins de croix et chaire) furent emballés et entreposés de façon à demeurer disponibles pour étude ou utilisation ultérieure.

Un an plus tard, la Cour suprême du Massachusetts déclara que le fait de désigner l'intérieur de la *Church of the Immaculate Conception* monument historique contrevenait à la constitution du *Commonwealth of Massachusetts*. Le maire de Boston déclina les offres d'assistance tant du *Historic Boston* que du *National Trust* qui désiraient présenter un bref de *certiorari* pour en appeler de cette décision devant la Cour suprême des États-Unis ; l'affaire fut classée.

Cette église s'appelle maintenant le *Jesuit Urban Center* et sert de maison spirituelle pour les travailleurs des hôpitaux de la région ainsi que pour les personnes dont la vie est affectée par le SIDA.

## La synagogue *Vilna Shul*

Pendant que se vivaient les conflits de la *Immaculate Conception Church*, un autre groupe se mobilisait dans le but de sauvegarder *Vilna Shul* qui, après des recherches ultérieures, fut reconnue comme la dernière vieille synagogue de Boston (des cinquante-trois synagogues enregistrées au répertoire de la ville de Boston de 1920, c'est en effet le plus vieil édifice qui, encore en 1990, conservait sa vocation de centre cultuel juif). Construite en 1919 par des immigrants lithuaniens, *Vilna Shul* est située dans l'arrondissement qui devint, à partir de 1955, le chic *Beacon Hill Historic District*.

Pourquoi *Vilna Shul* était-elle menacée ?

En 1985, la *Vilner Congregation, Inc.* (propriétaire de *Vilna Shul*) était réduite à un seul membre très âgé qui, avant sa mort, avait encouragé la population à venir pour le culte, mais ne leur permettait pas de joindre la congrégation. Un juge de la Cour suprême du Massachusetts nomma un syndic qui devait liquider les affaires de la congrégation et disposer de ses biens. Divers groupes juifs se partagèrent les actifs composés du terrain, du bâtiment et des rouleaux du Pentateuque.

Après qu'une synagogue orthodoxe de la région fut devenue héritière apparente des actifs de la *Vilner Congregation*, selon la doctrine de *cy près*, les voisins et les anciens fidèles présentèrent une pétition à la *Boston Landmarks Commission* en vue de protéger l'intérieur du bâtiment. Les propriétaires de la synagogue avaient cru qu'ils pourraient vendre *Vilna Shul* à un promoteur qui désirait construire un garage à étages et ainsi réaliser un profit exceptionnel de un million de dollars.

*L'intérieur de Vilna Shul, Beacon Hill, en 1989 (photo Ben E. Watkins).*

Simultanément, le *Historic Boston* prépara une étude de faisabilité[3], de concert avec les partisans de la conservation de *Vilna Shul*. L'étude décrivait son architecture extraordinaire ainsi que son importance en tant que rare vestige de l'histoire de l'immigration juive à Boston. Le rapport évaluait les coûts de remise en condition du bâtiment et recommandait la création d'une nouvelle corporation sans but lucratif, le *Vilna Center for Jewish Heritage*, pour amasser des fonds et s'occuper de la gestion de *Vilna Shul* en tant que centre culturel témoin du patrimoine juif de Boston.

Les audiences devant la *Landmarks Commission* furent spectaculaires. Un puissant avocat spécialiste en valeurs immobilières orchestra une vive opposition à la désignation et fit annuler les témoignages des spécialistes de l'histoire juive. Des rabbins orthodoxes invoquèrent des textes *Halakic* qui décrivent comment disposer d'une arche (*Aron Ha-Kodesh*) lorsqu'elle n'est plus utilisée pour le culte ou pour entreposer les rouleaux du Pentateuque. En dépit du fait que l'étude de faisabilité du *Boston Historic* exposait clairement que *Vilna Shul* serait utilisée comme centre culturel avec des offices occasionnels qui n'entreraient pas en conflit avec les congrégations établies — sous forme d'une sorte de chapelle collégiale et multiconfessionnelle — , dans la passion du moment, un homme alla jusqu'à comparer les partisans de la conservation aux Nazis, selon lui le seul autre groupe qui avait déjà osé transformer une synagogue en musée[4].

Les pressions politiques intenses, ajoutées au présumé vandalisme commis sur la voiture d'un conseiller municipal dans le New Hampshire, incitèrent le conseil municipal à refuser son approbation à la désignation par la *Landmarks Commission* de l'intérieur de *Vilna Shul* au titre de monument historique. En outre, il devenait évident que la vente ne rapporterait pas un million de dollars de profit, ni politiquement, ni matériellement[5].

Le *Vilna Center for Jewish Heritage* a finalement été légalement constitué et, au cours des sept années qui ont suivi, il a acquis les titres de propriété de l'édifice, a remboursé le prêt contracté par le *Historic Boston* (pour payer les assurances) au syndic et a recueilli des fonds pour la restauration du bâtiment. Mais, fait encore plus important, la controverse s'est dissipée et *Vilna Shul* est maintenant un projet porté par l'ensemble de la communauté juive de Boston et accepté par tous. Avec le temps, *Vilna Shul* occupera une place comparable à d'autres sites sur la liste des lieux authentiques que devraient visiter tous les touristes : la *Old North Church*, le *Old South Meeting House*, la *Paul Revere House*, le *Faneuil Hall*, le *Old Corner Bookstore*, le *African-American Meeting House*.

## Planifier la restauration des biens d'Église de Boston

Conscient qu'il y a de meilleures façons de conserver les biens d'Église que de s'engager dans des batailles intensives et interminables, *Historic Boston* a choisi d'instaurer un processus systématique de planification proactive. Ce projet a commencé par l'inventaire, dressé par un étudiant de Harvard, de tous les lieux de culte de Boston.

En 1991, *Historic Boston* complétait une étude[6] qui identifiait vingt-neuf bâtiments voués au culte possédant une grande importance architecturale et historique et dont la survie était menacée. Les menaces identifiées, pouvant affecter la vie émotive, sociale ou spirituelle de quartiers entiers, ont été classées en sept grandes catégories :

1. Les propriétaires attendent souvent une catastrophe avant de penser à l'entretien ou à la réparation.

2. Le manque de planification stratégique et de gestion financière aboutit à la détérioration des bâtiments et à l'escalade des coûts de réparation, alors qu'on passe outre les possibilités d'investir argent et talents.

3. La banlieusardisation ainsi que les changements culturels et démographiques transforment le caractère social et économique des quartiers, ce qui a souvent des conséquences néfastes pour les propriétaires de biens cultuels historiques. (La solution est parfois le simple changement de propriétaire. Par exemple : la Congrégation *Adath Jeshrun* est maintenant la *First Haitian Baptist Church* ; la *Little Rock - Mother Storms African Methodist Episcopal Zion Church*, pour sa part, est maintenant une église hispanophone, la *Seventh Day Adventist Church*.)

4. Les membres de certains organismes religieux propriétaires d'édifices historiques sont âgés.

5. Gérer l'entretien d'édifices complexes représente un lourd fardeau pour la situation financière précaire du clergé.

6. Certains bâtiments n'ont pas de congrégation de fidèles réguliers pour voir au coût de leur entretien ; leurs administrateurs doivent donc se débattre pour obtenir des fonds d'organismes qui interviennent sur de nombreux sites, mais dont les moyens financiers sont limités.

7. La négligence dont souffrent certains lieux de culte est souvent le fait de l'ignorance.

## LE *STEEPLES PROJECT*

Le *Historic Boston* s'est rapidement rendu compte que l'argent a plus de poids que les vœux pieux. Bien que conscient que les fondations de bienfaisance ne supportent pas habituellement des institutions religieuses, fort des résultats de son étude, il a entrepris des démarches auprès d'elles pour obtenir des fonds. Le nom *Steeples Project*, c'est-à-dire le projet des clochers, est devenu l'appellation courante d'un programme complexe de subventions dont voici les grandes lignes :

- Clochers, tours et dômes ponctuent l'horizon de Boston. Leur sort est représentatif de celui de la ville. Ils peuvent symboliser l'espoir d'un quartier en évolution, mais leur perte prive le quartier et toute la communauté d'une ressource collective.

- Les églises de quartier offrent souvent une gamme de services sociaux non-confessionnels qui viennent en aide aux démunis et améliorent la qualité de vie de la communauté.

- Les subventions reçues par le *Historic Boston* sont redistribuées à des églises ciblées selon une base concurrentielle d'appariement. Le *Historic Boston* offre plus que des subventions aux bénéficiaires ; il leur offre aussi une aide considérable, plus particulièrement pour définir la gamme des services qu'ils peuvent offrir, s'assurer de prix concurrentiels et vérifier les résultats obtenus.

- Les églises peuvent présenter des demandes d'appariement pour quatre différents volets (habituellement seuls les bâtiments qui font partie de la liste du *National Register of Historic Places* sont admissibles et la seule synagogue à rencontrer ce critère est *Vilna Shul*) :

1. Embaucher des architectes et des ingénieurs pour évaluer l'état général du bâtiment, évaluer les coûts et les priorités des réparations et préparer les plans et devis.

2. Obtenir de l'aide de spécialistes pour la souscription (jusqu'à maintenant, aucune église n'a présenté de demande dans cette catégorie).

3. Faire des réparations importantes à l'extérieur des bâtiments, tout en accordant une attention particulière aux toits, aux clochers, aux tours et aux dômes.

4. Bien éclairer les caractéristiques dominantes des églises. (L'un des aspects importants de ce volet est la présentation d'une maquette. Notre concepteur en éclairage arrive avec étudiants et équipements de Harvard pour tester divers concepts d'éclairage et obtenir les réactions des dirigeants de l'église avant de préparer les devis. Souvent, la conception d'un éclairage change beaucoup à la suite de la présentation.)

## Résultats

Au cours des quatre dernières années, le *Historic Boston* a reçu des demandes d'appariement en provenance des Églises pour un total de un million huit cent mille dollars (ce chiffre est un peu gonflé puisqu'il est invraisemblable que toutes les églises auraient pu avancer leur part du coût des travaux). À ce jour, sept fondations de bienfaisance ont accordé quatre cent cinquante mille dollars au *Historic Boston* qui a redistribué trois cent soixante mille dollars à vingt-trois sites appartenant à dix congrégations. Les subventions du *Historic Boston* ont permis d'effectuer au-delà de un million de dollars en réparations.

Le *Commonwealth of Massachusetts* a heureusement ressuscité le *Preservation Projects Fund* de la *Massachusetts Historical Commission*. Cette fondation subventionne la restauration de sites historiques qui appartiennent à des organismes sans but lucratif, en échange d'entente de préservation ou de servitude à perpétuité. Les églises sont invitées à utiliser les subventions du *Steeples Project* pour préparer des plans et devis qui les qualifieront pour le programme de subventions du *Commonwealth* et pour répondre aux exigences du fonds d'appariement.

Des clochers ont été sauvegardés : l'architecte de la *Union United Methodist Church* dans le *South End* expliquait que le coût de réparations de ce clocher, qui était dans un état de détérioration avancée, doublerait chaque année si les travaux de réparations n'étaient pas entrepris. Contrairement aux procédures habituelles, l'appel d'offres spécifiait le montant accordé et demandait aux entrepreneurs le nombre de mètres qu'ils pourraient réparer pour le prix offert, à partir du haut du clocher.

*La First Church à Roxbury (Boston), mise en lumière grâce au Steeple Project (photo Kevin Burke).*

Une fondation fut tellement impressionnée par les résultats du *Steeples Project* qu'elle offrit de l'argent pour aider les églises dans des quartiers en transition à trouver des façons d'économiser argent et énergie (ce qui fut accepté d'emblée par le *Historic Boston*). Enfin, le *Historic Boston* vient d'accorder des appariements à dix églises pour qu'elles effectuent les modifications qui leur permettront de réaliser des économies d'énergie dont la période de récupération maximale est de six ans (selon les évaluations de chaque « plan de conservation de l'énergie »).

Comme le disait si bien le pasteur de la *Roxbury Presbyterian Church*, le R.P. Hurmon E. Hamilton :

> Les répercussions du bon entretien d'un bâtiment vont bien au-delà des fidèles qui l'utilisent. En commençant par notre propre congrégation, nous pouvons transformer la vie intérieure de notre quartier central. Quand le bâtiment refera surface, cela pourrait avoir, de façon consciente ou non, des effets sur les passants.
>
> Dans ce projet de revitalisation (en partie subventionné par le *Historic Boston Steeples*), ces passants pourraient acquérir un meilleur sens de leur propre valeur et de leur estime de soi. Ils pourraient voir avec un regard nouveau de foi et d'espoir et décider, par exemple, de retourner aux études chercher une équivalence d'études secondaires, de chercher un emploi ou de s'inscrire à un programme de relance. Le fait de voir revivre un bâtiment délabré touche profondément le cœur des gens[7].

Ou encore, comme disait Mark Duluk, architecte et paroissien actif dans le projet d'éclairage du dôme et de la coupole de la *Blessed Sacrament Church* à Jamaïca Plain :

> Le dôme sera maintenant visible la nuit dans toute la région ; il servira d'inspiration et nous identifiera dans le quartier. Même une personne qui ne met jamais les pieds dans notre église pourrait se sentir réconfortée ou soulagée simplement à la vue du dôme de la *Blessed Sacrament Church* qui brille dans le noir[8].

## NOTES

1 Whitehill, Walter Muir (1968), Boston, A *Topographical History*, The Belknap Press of Harvard University Press, 2e éd., p. 168.

2 Voir à ce sujet : Smith, Jay, et Stanley M. (1988), A *Case Study on the Mediation Process Over the Preservation of a Religious Building: The Church of the Immaculate Conception*, Boston, Massachusetts, préparé par le *Historic Boston Incorporated* avec l'aide financière du *Critical Issues Fund* du *National Trust for Historic Preservation*.

3 Kaplan, Barbara, Hallie Pinta, Esq., Stanley M. Smith, et l'équipe d'architecture dirigée par Michael Liu (1989), *Study on The Feasibility of Preserving the Interior of the Vilna Shul, 14-18 Phillips Street, Boston*, Historic Boston Incorporated.

4 Comme preuve de la progression de l'étude des sites historiques juifs depuis les neuf dernières années, nous venons de recevoir le premier numéro du bulletin du *International Survey of Jewish Monuments*, intitulé le *Jewish Heritage Report* (Jewish Heritage Research Center, 123 Clarke Street, Syracuse, NY 13210, mars 1997). L'éditeur, Samuel Gruber, avait témoigné en faveur de la préservation de *Vilna Shul* devant la *Boston Landmarks Commission* alors qu'il était directeur du *Jewish Heritage Council* de la *World Monuments Fund*.

5 Il était illogique de prétendre que la propriété valait un million de dollars. Comme elle était située dans un arrondissement historique de *Beacon Hill* où les activités de conservation sont bien organisées, il aurait été impossible d'y construire un garage. Le plus grand obstacle à l'acquisition du terrain pour la préservation était la facture d'au-delà de trois cent mille dollars en honoraires d'avocats encourus dans la lutte pour décider qui recevrait l'utopique million.

6 *Religious Property Preservation : A Boston Casebook* (Historic Boston Incorporated, septembre 1991). Chris Rediehs et Erin Gibson-Roth ont effectué les recherches et rédigé le rapport préliminaire.

7 Traduction libre.

8 Traduction libre.

# Un nouveau cours en aménagement du territoire : le *Cleveland Sacred Landmarks*[1]

Virginia O. Benson, Ph.D.
Michael Tevesz, Ph.D.
Cleveland State University
Cleveland (Ohio)

## Introduction

Toute ville cumule quatre activités fondamentales : le commerce, l'industrie, l'administration et le culte (Mumford, 1961 ; Jacobs, 1969 ; Barnett, 1986). De ces activités, c'est la fonction de centre cultuel qui a été la moins étudiée par les urbanistes ; la structure qui est directement liée à cette fonction et qui l'identifie le mieux est le lieu sacré même où les cérémonies liturgiques sont célébrées. Un monument religieux patrimonial revêt une importance considérable tant pour le passé que l'avenir d'un milieu urbain car c'est une structure religieuse qui harmonise l'histoire et l'esthétique aux valeurs contemporaines du milieu. Ces importantes structures peuvent sembler mystérieuses pour tous sauf les fidèles.

Un cours universitaire sur le patrimoine religieux est une façon novatrice de fournir aux étudiants en urbanisme une multitude de renseignements importants. Les groupes religieux de différentes ethnies qui se rassemblent autour des églises, des synagogues et des temples constituent des modèles qui reflètent non seulement les éléments marquants du passé d'une ville (Smith-Rosenberg, 1971), mais qui peuvent aider à comprendre son présent et, le cas échéant, être utiles pour son avenir.

Le cours dont il est ici question, le *Cleveland Sacred Landmarks*, s'adresse aux étudiants en aménagement du territoire, design et développement au *Cleveland State University*. Une brève présentation du rôle des structures religieuses dans la morphologie urbaine précédera la description du cours (contenu, format, réactions des étudiants et renseignements utiles pour la préparation de cours similaires).

## Pourquoi un cours sur le patrimoine religieux ?

Les architectes et les spécialistes en urbanisme soutiennent que les structures religieuses, avec leurs aires liturgiques, leurs cimetières et toutes les caractéristiques inhérentes à leur paysage, revêtent une très grande importance dans la morphologie

*Trinity Episcopal Cathedral à Cleveland, complétée en 1907 (photo T. Lewis, extraite de Armstrong* et al., *1992, p. 16-17).*

des villes du monde entier (Bacon, 1967 ; Jordan, 1984). Dans les villes de l'Amérique moderne, après que la religion ait réussi à survivre à une période où son statut était diminué (Cox, 1965), on assiste à un regain d'énergie et de dévouement qui incite les groupes religieux à revitaliser les villes-centres (Pilla, 1995). Cette transformation place le patrimoine religieux au cœur de l'aménagement urbain.

La notion de « bâtiments cultuels historiques » et le rôle historique des institutions religieuses associées à ces bâtiments peuvent être étudiés selon plusieurs concepts théoriques, servant ainsi d'excellente méthode heuristique pour une formation multidisciplinaire en aménagement urbain. Que l'on adhère aux théories d'utilisation de l'espace comme le modèle des lieux centraux des géographes (Christaller, 1966), aux théories d'écologie humaine des sociologues urbains (Park *et al.*, 1936), ou encore aux modèles de psychologie sociale comme la hiérarchie des besoins de Maslow (1970), les édifices religieux sont dotés d'une grande valeur éducative.

Pour l'historien, les édifices religieux reflètent les transformations de la ville au fil de l'évolution des structures sacrées, à partir de leur naissance avec de petites congrégations ethniques jusqu'à l'acquisition de grands édifices qui, souvent, influencent les modèles de colonisation et la diversité ethnique (Mumford, 1961 ; Pearce, 1995). L'histoire des édifices cultuels permet aux étudiants en aménagement du territoire d'apprendre la base de l'évolution des formes urbaines.

Pour le géographe, un monument cultuel historique est la pierre angulaire d'un quartier et délimite l'espace spatial d'une colonie ethnique distincte. À l'échelle de toute la région urbaine, la migration des ménages vers les banlieues crée un nouveau modèle spatial dans le quartier central, ce qui affecte la valeur foncière autant que le paysage culturel (Berry, 1977 ; Ullman, 1980). Les étudiants en aménagement du territoire doivent non seulement comprendre, mesurer et prédire ces occurrences, mais aussi recommander des solutions aux problèmes que ces changements engendrent.

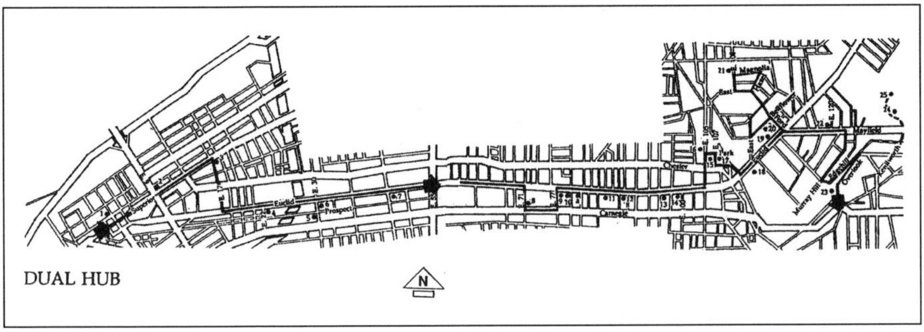


*Monuments cultuels historiques le long du couloir entre deux centres importants de Cleveland (graphique extrait de Armstrong* et al., *1992, p. 6-7).*

Pour l'architecte ou le concepteur urbain, le patrimoine religieux permet l'étude de plus de caractéristiques architecturales et de matériaux de construction que toutes les autres catégories de structures urbaines (Macaulay, 1973 ; Mark et Clark, 1984 ; Jordan, 1985). Les bâtiments cultuels sont des trésors de styles architecturaux et de symboles artistiques qui enrichissent le jargon professionnel des étudiants en aménagement du territoire.

Pour l'administrateur public, temples, églises, synagogues et mosquées utilisent de grandes portions de précieux terrains urbains. Cette utilisation non lucrative du territoire peut être à la fois un poids et un avantage pour la santé fiscale et économique de la ville (Mayer, 1983). Lorsqu'ils étudient l'aménagement du territoire, les étudiants doivent être conscients des conséquences économiques et des contraintes subséquentes touchant le développement de propriétés qui ne font pas partie du rôle d'évaluation foncière (Garreau, 1991).

Pour le sociologue et l'anthropologue, tout comme pour le spécialiste des beaux-arts, les centres cultuels constituent un répertoire d'art et d'artefacts culturels qui font la lumière sur les différences sociales, culturelles et ethniques ; ils facilitent la compréhension des diversités des populations urbaines (Greeley, 1972). Cet assortiment de centres cultuels représentant des groupes urbains d'ethnies et de religions variées est souvent perçu comme un élément qualitatif de la vie urbaine. Par ailleurs, cette diversité représente un défi constant pour les urbanistes.

Pour le démographe, le patrimoine religieux, avec ses imposantes collections d'archives, est souvent le transcripteur le plus fidèle du passé de la ville (Chudacoff et Smith, 1988). L'étude des données démographiques aide les étudiants à mieux comprendre les processus urbains et à évaluer les besoins futurs en services.

Pour l'urbaniste, décider de préserver ou de détruire un édifice cultuel patrimonial (Berke, 1995 ; Marty, 1991) est certes un défi de taille (Chapin et Kaiser, 1979). Les spécialistes en aménagement du territoire sont appelés à aider les communautés déclinantes à conserver le caractère cultuel de leurs bâtiments ou à trouver des solutions de rechange (quand la hiérarchie et la tradition religieuses le permettent) (Tevesz et Bohner, 1986 ; Tevesz *et al.*, 1990 ; Swindoll, 1993). En outre, ils doivent être prêts à intervenir comme médiateurs lors de négociations sur l'avenir des édifices menacés.

Les structures religieuses menacées peuvent jouer des rôles communautaires importants. Souvent, elles servent de centres pour des services essentiels des quartiers centraux. De plus, elles constituent un point central pour des groupes politiques minoritaires. Le patrimoine religieux est d'autant plus important qu'il représente des partenaires urbains qui doivent absolument participer au processus de planification (Bryson et Crosby, 1989).

Quand ils traitent de questions liées aux propriétés et aux églises patrimoniales, les aménagistes ont besoin de connaître davantage les monuments historiques menacés. À l'instar des « conservationnistes », ils ont donc commencé à explorer des stratégies de protection des structures religieuses menacées, mais la plupart de ces efforts se font à l'extérieur des programmes d'enseignement. (Comme exemples probants, soulignons, entre autres : le *Historic Religious Properties Program* à la *Philadelphia Historic Preservation Corporation*, le *Partners for Sacred Places* à Philadelphie, les *Inspired Partnerships* à Chicago et le *Sacred Landmarks Assistance Program* de la *Cleveland Restoration Society*.)

## Le patrimoine religieux de Cleveland : conception et style

Les nouvelles tendances en urbanisme convergent vers la conception de nouvelles approches interdisciplinaires qui profitent à l'ensemble de la discipline. Par exemple, les aménagistes et les « conservationnistes » ont mis leurs efforts en commun après des années de travail indépendant (Birch et Roby, 1984 ; Datel, 1985). Les écologistes se sont joints aux urbanistes pour chercher des solutions qui permettent d'en arriver à des villes « durables » (Welford, 1995 ; Bowers, 1995). En outre, historiens, géographes, anthropologues, archéologues et membres du clergé ont joint les forces pour conserver les attraits culturels, à partir de champs de bataille (Anonyme, 1995) jusqu'aux lieux sacrés (Rankin, 1995).

En raison de cette grande pluridisciplinarité, vers quoi les aménagistes devraient-ils se tourner pour définir les cadres théoriques qui faciliteront le processus de classification des problèmes ainsi que les priorités à leur accorder ? Ils peuvent utiliser l'étude d'un cas spécifique qui, sous différents angles, exposera un certain nombre de points cruciaux. L'un de ces cas est illustré dans l'étude du patrimoine religieux.

Les aménagistes utilisent le paradigme de l'étude de cas depuis plusieurs décennies (Moudon, 1992 ; Pivo, 1990). La plupart du temps, ces études visent une méthodologie ou un projet particulier ; on émet l'hypothèse que l'étude de cas transmet des connaissances utiles qui pourront éventuellement être généralisées. L'étude du patrimoine religieux est idéale pour une étude de cas en aménagement du territoire puisqu'elle possède une qualité heuristique importante, des concepts transférables.

Le cours sur le patrimoine religieux de Cleveland est divisé en deux parties dont chacune est illustrée par une étude de cas. La première partie fournit une vue d'ensemble des monuments cultuels en tant que ressources urbaines — culturelles et esthétiques — et tente de développer le sens critique des étudiants pour ces monuments. Les structures telles que temples, églises, synagogues et mosquées représentent beaucoup plus que des bâtiments ; pour leur communauté, ce sont des symboles de la foi, de l'histoire et du peuple. Elles dépassent la représentation purement physique et elles incarnent un héritage et une culture. On invite les étudiants à reconnaître ce patrimoine, à le conserver et à en tirer des leçons.

Quatre monuments cultuels historiques servent d'études de cas pour faire l'illustration de leur valeur esthétique et pratique : la *Trinity Episcopal Cathedral*, l'église catholique romaine de St. Stephen, le temple *Tifereth Israel* et la *Pilgrim Congregational Church*. En plus d'être un élément marquant du quartier, chacun de ces monuments possède les qualités nécessaires à une étude de cas dans le cadre du cours : importance de l'architecture, histoire exceptionnelle, identité ethnique, communauté établie, programmes communautaires dynamiques, leadership indiscutable.

Ces quatre bâtiments sont d'excellents exemples de styles d'architecture répandus et remarquables aux États-Unis. En outre, chacun arbore un décor intérieur somptueux, orné de vitraux fabriqués dans des ateliers réputés ainsi que des œuvres d'artistes célèbres.

La *Trinity Cathedral* est de style néogothique, dessinée selon l'architecture religieuse de la période Tudor en Angleterre. Cruciforme, elle reflète une liturgie qui utilise l'allée processionnelle centrale. Elle est somptueusement décorée de sculptures sur pierre et de statues. Ses vitraux furent conçus par des ateliers des plus réputés aux États-Unis : Tiffany, Willet, Burnham, Gorham et Connick. Ses fenêtres sont de style médiéval anglais et elle possède des sculptures médiévales allemandes et françaises. Des fidèles parmi les plus influentes familles de Cleveland font partie de son histoire.

L'église de St. Stephen est d'architecture victorienne gothique dominant sur son quartier central comme une cathédrale médiévale sur son village. Construite par des immigrants allemands, l'église offre l'un des intérieurs les plus grandioses de la ville. Elle est remplie d'autels de chêne sculptés à la main, de baldaquins et de confessionnaux ; d'imposantes huiles composent son chemin de croix. Sa chaire, fabriquée en Allemagne, fut exposée au *Columbian Exhibition* de Chicago (1893) avant d'être installée à St. Stephen. Ses grandes fenêtres impressionnantes et colorées furent dessinées par le *Bavarian Institute of Art* et fabriquées selon les règles de l'art par les ateliers Mayer de Munich en Allemagne. Il s'agit d'un vestige important de la splendeur de cet ancien quartier prospère.

Le *Temple Tifereth Israel* est de conception byzantine caractérisée par un imposant dôme central. Son impressionnant sanctuaire circulaire permet aux fidèles de porter toute leur attention aux lectures et aux sermons. Le temple abrite différents locaux : bureaux, librairie, école, chapelle et musée. La présence d'un musée dans cet élégant complexe fait du temple une ressource pédagogique particulièrement intéressante pour le cours sur le patrimoine religieux. C'est un riche répertoire d'art ethnique et religieux.

La *Pilgrim Congregational Church* arbore les arches rondes, larges et lourdes, caractéristiques du style néoroman de Richardson. À l'instar du temple Tifereth, elle renferme plusieurs espaces sous un même toit. Elle a même déjà possédé des murs intérieurs mobiles, inspirés de l'architecture du *Akron Plan*, style typique au nord de l'Ohio. En outre, son sanctuaire aussi est conçu en forme de cercle. Décorations au pochoir, polychromie, orgue restauré et vitraux de verre opalescent s'harmonisent pour produire une impressionnante vue d'ensemble.

La combinaison des ressources pédagogiques représentées par ces monuments cultuels historiques constitue une mine considérable de matériel pour les études de cas sur les sujets suivants : architecture religieuse aux États-Unis ; modèles d'immigration ethnique dans le nord de l'Ohio ; histoire, fabrication et entretien de vitraux ; interprétation iconographique ; tableaux et sculptures célèbres du patrimoine religieux de Cleveland. Les œuvres d'art ont un effet particulièrement saisissant sur les spectateurs parce qu'elles peuvent être regardées en fonction de leur contexte d'origine. Toutes les présentations amènent les étudiants à apprécier la valeur esthétique phénoménale du patrimoine religieux ainsi que son importance.

La deuxième partie du cours est axée sur les applications pratiques des connaissances des urbanistes en matière de patrimoine religieux. Collectivement, les clochers, les tours et les dômes des nombreux bâtiments cultuels dessinent une grande partie de l'horizon de la ville ; individuellement, on les identifie à des quartiers résidentiels spécifiques. Une enquête effectuée à Cleveland et dénombrant des centaines d'églises, synagogues, temples et mosquées (Armstrong *et al.*, 1992 ; Ditchfield, 1993) a démontré la pertinence de ces monuments cultuels.

Le cours met beaucoup d'emphase sur l'importance des bâtiments religieux dans la stabilité de la région. Aux débuts de l'histoire de la ville, ces bâtiments attiraient les populations résidentielles comme des aimants (Herberg, 1955). Maintenant, ce sont des points d'ancrage pour leur communauté respective à qui ils offrent des services essentiels ainsi qu'un refuge permettant de s'éloigner des problèmes des quartiers centraux (Newman, 1972 ; Gold, 1982 ; Cisneros, 1995). Ils constituent aussi un lien avec d'autres organismes municipaux et même avec des communautés qui se sont exilées vers les banlieues tout en conservant des liens avec leur ancien quartier.

Les différents programmes sociaux offerts par les groupes religieux illustrent l'évolution du rôle d'un bâtiment cultuel dans son aspect « vocationnel » pour la communauté locale. Dans les toutes premières villes d'Amérique, les groupes d'immigrants pouvaient trouver des services cruciaux. En effet, le clergé y offrait des cours de langue, des services d'emploi et d'autres formes d'aide aux immigrants pendant qu'ils s'intégraient à leur nouvel environnement (Herberg, 1955). Vers la fin du XIX^e^ et le début du XX^e^ siècles, quand bon nombre de ces bâtiments furent construits, les quartiers centraux très denses qui les abritaient fourmillaient de jeunes familles.

De nos jours, ce sont plutôt des aînés qui ont toujours habité dans les quartiers centraux qui y demeurent encore. En conséquence, le ministère religieux offre une gamme de services différents qui répondent aux nouveaux besoins spécifiques de la communauté. Il s'agit souvent de soupes populaires pour les sans abri, de garderies pour les familles démunies et divers autres services pour les aînés.

Chaque étude de cas du patrimoine religieux illustre l'évolution des quartiers urbains. La *Trinity Cathedral* est une église de centre-ville qui a déjà desservi un groupe de bourgeois de l'avenue Euclid. Au moment de sa construction, 1901-1907, cette avenue était appelée « *Millionnaire's Row* ». Dans les décennies qui ont suivi, la rue élégante fut désertée par ses résidants cossus qui emménagèrent dans les quartiers plus à l'est ; les manoirs furent remplacés par des édifices commerciaux et institutionnels. Les années soixante virent la démolition de plusieurs bâtisses autour de la cathédrale pour faire place à la *Cleveland State University* qui est maintenant contiguë à la cathédrale de tous les côtés. *Trinity* offre maintenant des programmes destinés à son université et à la population du centre-ville.

L'église catholique romaine de St. Stephen, dans l'ouest de Cleveland, fut construite en 1873 par une communauté hispanophone. Elle s'élève dans une modeste rue résidentielle qui est devenue l'une des plus cosmopolites de la ville. Cependant, ce quartier a connu beaucoup de mouvements de population et bon nombre de citoyens sont maintenant locataires. Bien que la paroisse compte toujours parmi ses fidèles quelques allemands d'origine, ces derniers vivent maintenant, pour la plupart, en banlieue et reviennent dans leur église pour l'office du dimanche. L'église est un havre important dans ce quartier assailli par des problèmes de drogue et de violence (Cisneros, 1995). Le pasteur et les membres de la communauté sont des leaders dans les efforts de revitalisation du quartier ; ils entretiennent une grande école dans le centre-ville et, de concert avec les autorités municipales, tentent d'y attirer commerces et emplois.

Le *Temple Tifereth Israel* est un excellent exemple de la migration résidentielle qui a caractérisé la ville quasiment depuis ses débuts il y a deux cents ans. En 1848, un groupe de quarante-sept membres a fondé le temple ; en 1894, ils ont construit, du côté est de Cleveland, un édifice qui est devenu la *Friendship Baptist Church* dont la majorité des membres sont de race noire. Dans les années vingt, la communauté s'est établie encore plus à l'est au *University Circle* et y a construit un second temple dans un quartier de grandes institutions dont la *Case Western Reserve University*, la *Cleveland Clinic*, le *Severance Hall*, ainsi que plusieurs grands musées. Vers la fin des années soixante, ils ont émigré davantage à l'est, à *Pepper Pike*, où ils demeurent encore. Cependant, le temple au *University Circle* est toujours utilisé et la communauté est très présente dans la ville.

Tout à l'ouest, la *Pilgrim Congregational Church* fait l'objet de la dernière étude de cas. Le long des rues de ce quartier de classe ouvrière s'alignent de nombreux bâtiments cultuels historiques ainsi que plusieurs petits temples ethniques formant une véritable forêt de clochers et de dômes. Ce quartier de Tremont abrite, entre autres, des communautés hispaniques, coréennes, russes, ukrainiennes et grecques, dont plusieurs de première et de deuxième générations. Comme ce quartier est à proximité du centre-ville de Cleveland, il connaît un certain niveau d'embourgeoisement et les augmentations de prix du logement qui y sont associées.

L'histoire des changements ethniques s'échelonnant sur plusieurs générations est également illustrée par les bâtiments qui ont changé de confession au fil du temps. Par exemple, la *Shiloh Baptist Church*, dans l'est de Cleveland, qui avait été érigée par sa première communauté comme le *Temple B'nai Jesuran*. Quand la communauté juive est passée à la banlieue est, le temple fut converti en église baptiste, reflet des convictions religieuses de la population majoritairement afro-américaine du quartier.

*Shiloh Baptist Church à Cleveland. Construite en 1906 comme Temple B'nai Jesuran, elle fut achetée en 1922 par la congrégation Shiloh Baptist. (photo T. Lewis extraite de* Armstrong et al.*, 1992, p. 128-129).*

## LE CONTEXTE PÉDAGOGIQUE

Le cours *Cleveland Sacred Landmarks* fut donné pour la première fois au trimestre d'été 1995 au *Maxine Goodman Levin College of Urban Affairs*. Une enquête nationale informelle a révélé qu'il n'y a aucun cours comparable dans une université publique ; il est unique à la *Cleveland State University*.

Le patrimoine religieux est un cours recommandé aux étudiants des programmes de maîtrise en urbanisme, design et développement ; il intègre ces trois disciplines dans un même programme. Les cours sont axés sur les problèmes pratiques de l'évolution des villes industrialisées, phénomène souvent reflété par le patrimoine religieux. C'est un cours obligatoire de la concentration « conservation historique » du baccalauréat en urbanisme. Dans cette concentration, les étudiants acquièrent des connaissances sur l'art urbain, la culture, l'histoire et l'ethnicité des grandes villes américaines. Les étudiants analysent des documents d'archives et des structures historiques et étudient les méthodes de préservation des aspects physiques des villes.

Le cours est l'aboutissement de neuf années de recherches exhaustives et d'actions communautaires menées par le *Sacred Landmarks Research Group* (SLRG) de la *Cleveland State University* ainsi que par le nouveau groupe *Sacred Landmarks Initiative* (SLI). Les objectifs de ces organismes sont complémentaires à une formation en aménagement du territoire, par exemple : 1) amener l'étudiant à apprécier la diversité et l'importance des ressources architecturales, historiques, artistiques et culturelles personnifiées dans les différents bâtiments religieux et leurs archives ; 2) inciter la population à préserver et à entretenir ces structures ; et 3) faciliter l'utilisation de ces structures comme point d'ancrage pour les environs ainsi que pour des centres de développement économique. Le *Sacred Landmarks Research Group* a monté une librairie de matériel pédagogique qui a servi de base au cours sur le patrimoine religieux, dont :

- un numéro spécial du journal littéraire régional de l'Université, *The Gamut* (1990), sur l'histoire et l'importance des églises et des synagogues locales ;
- un livre intitulé *A Guide to Cleveland's Sacred Landmarks* (Armstrong *et al.*, 1992), en partie le fruit de la consultation et des travaux de recherche des membres du SLRG ;
- plusieurs productions audiovisuelles, télédiffusées localement, issues des recherches des membres du SLRG et couvrant des thèmes tels que l'histoire du quartier, la conservation des bâtiments, la réutilisation adaptative, les vitraux religieux et la musique d'ambiance ;
- des copies de conférences et de présentations faites à des symposiums et à des colloques savants.

Des expositions publiques de photographies et d'artefacts à la galerie d'art de l'université, ainsi que divers programmes d'extension de l'enseignement ont permis de tisser un important réseau de leaders communautaires et d'ardents défenseurs du SLRG. Les membres du SLRG ont été très présents; ils ont, entre autres, conseillé les fidèles de diverses églises patrimoniales sur l'organisation et l'archivage de matériel historique, offert un cours de formation continue intitulé *Inside Cleveland Sacred Landmarks*, c'est-à-dire « au cœur du patrimoine religieux de Cleveland » et, de concert avec la *Cleveland Restoration Society*, parrainé des visites thématiques et un récital d'orgue.

Ces contacts et ces relations communautaires se sont révélés fort utiles pour la publicité et les campagnes de souscription, mais qui plus est, ils ont facilité l'accès aux archives et aux structures importantes pour les chercheurs, les enseignants et les étudiants. Du point de vue strictement pédagogique, ces éléments furent également très utiles à la poursuite des études de cas sur le patrimoine religieux.

## Le format du cours

Le cours comprenait différentes formes de présentation : 1) exposés magistraux par les professeurs ; 2) exposés par des invités de marque dont architectes, « conservationnistes », artistes du vitrail, historiens, promoteurs, chefs de congrégations et fidèles ; 3) visites sur le terrain menées par les professeurs, comprenant une vue d'ensemble du patrimoine religieux de la ville et des exemples d'éléments intérieurs et extérieurs exceptionnels ; et 4) présentations par les étudiants des résultats de leur projet de recherche individuel.

Les étudiants pouvaient utiliser différents outils de présentation, notamment diapositives, rétroprojecteur, affiches et vidéocassettes. Le manuel du cours était celui d'Armstrong *et al.* (1992). Les étudiants rédigeaient un journal pour évaluation par les professeurs. Un autobus de vingt-cinq passagers, conduit par un chauffeur professionnel, avait été nolisé pour les visites sur le terrain, ce qui permettait aux chargés de cours de commenter les lieux historiques rencontrés, en plus d'éliminer le problème des visites individuelles des étudiants dans des quartiers qui ne leur sont pas familiers et où il est parfois difficile de se garer.

Au premier trimestre, à l'été 1995, le groupe comprenait dix étudiants de premier cycle et quatre étudiants diplômés. Les cours s'échelonnaient sur cinq samedis consécutifs de juin et juillet. La formule « journée entière », de neuf heures à dix-sept heures, permettait aux exposés d'être axés très spécifiquement sur les visites et d'être immédiatement suivis d'exemples concrets, résumés et conclus. Cette formule permettait également les changements fréquents tant du rythme que de la forme des présentations.

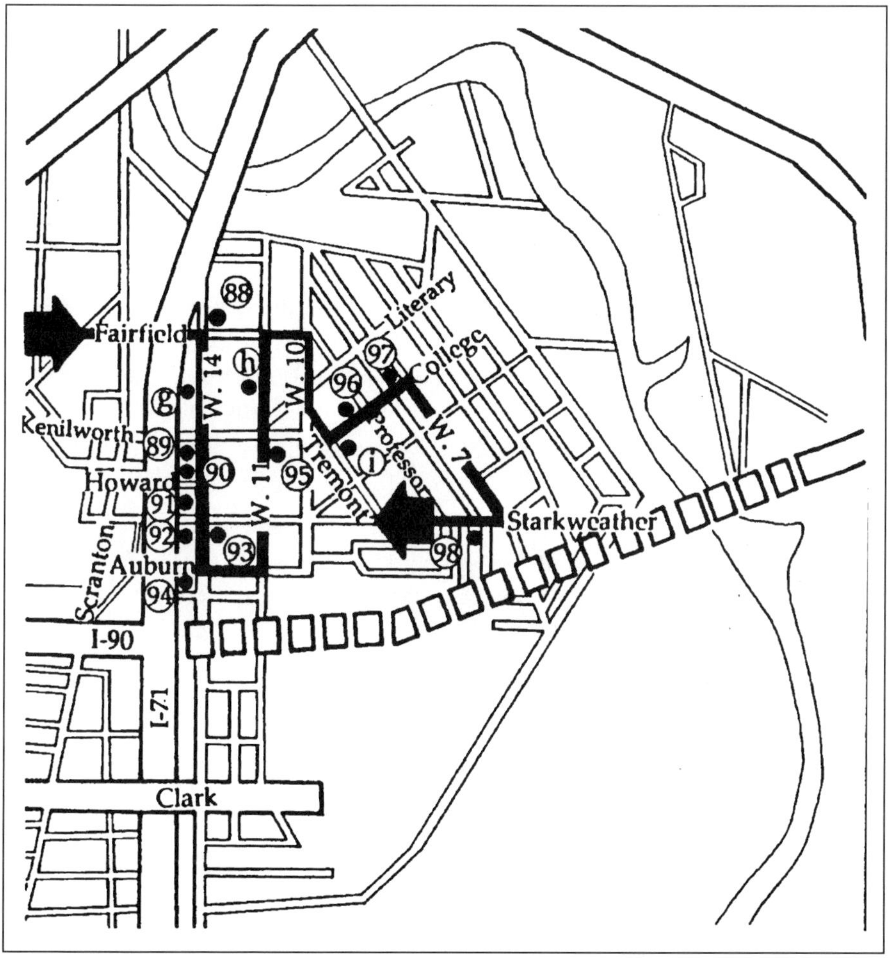


*Le quartier Tremont à Cleveland avec sa forte concentration de monuments cultuels historiques (graphique extrait de Armstrong* et al., *1992, p. 204).*

Parmi les extrants importants du cours, notons l'apprentissage de méthodes de recherches individuelles et inédites du domaine du patrimoine religieux et la présentation publique des résultats de projets de recherches spécifiques. Chaque étudiant choisissait un thème parmi la liste suivante préparée par les chargés de cours :

1. Relever les similitudes et les contrastes dans la conception et l'aménagement de divers lieux de culte.

2. Donner des exemples de représentation de l'ethnicité dans la conception et la décoration des monuments historiques.

3. Montrer les répercussions des changements liturgiques amenés par Vatican II sur la conception et la décoration des églises catholiques.
4. Classifier et décrire une série de vitraux d'un lieu sacré spécifique.
5. Détailler une visite guidée des monuments cultuels historiques d'une ville.
6. Choisir une église patrimoniale urbaine : décrire les effets de sa structure sur le passé, le présent et l'avenir du quartier.

Les étudiants recevaient une liste des ressources qu'ils pouvaient utiliser pour leur recherche, notamment : volumes, liste d'organismes tels que commissions sur le patrimoine religieux, archives publiques, archives de congrégations et sociétés historiques. En outre, on les encourageait à contacter des membres du clergé, du personnel et des fidèles associés aux bâtiments à l'étude afin d'obtenir les renseignements, les permissions et les accès nécessaires pour conduire leur recherche *in situ*.

Le contenu du cours permettait aux étudiants d'acquérir et de développer leurs aptitudes nommément en : collecte de données, rédaction, présentation graphique, photographie et présentation orale. Comme ils devaient étudier des aspects importants des quartiers urbains, les étudiants étaient motivés à visiter ces quartiers et à y développer des contacts personnels.

Les étudiants devaient participer aux discussions qui suivaient les exposés en classe et les visites sur le terrain. Ils devaient remplir un journal de bord et rédiger un travail de trimestre sur leur sujet de recherche. Finalement, le dernier cours était réservé aux présentations orales des étudiants sur leur sujet de recherche. Chacun des trois travaux recevait la même pondération : journal (un tiers), travail de trimestre (un tiers) et présentation orale (un tiers).

## L'acquisition des compétences

Les étudiants en aménagement du territoire entendent régulièrement dire que « l'on reconnaît un aménagiste à ses réalisations » et cet adage est sérieusement pris en compte dans le cadre du cours. Les étudiants développent leur pensée analytique selon un certain nombre de critères ; ils suivent une approche scientifique pour analyser les bâtiments et le contexte urbain. Cette approche systématique englobe observation, classification, mesure et analyse.

L'analyse systématique du patrimoine religieux à l'étude amène les étudiants à utiliser le jargon propre à l'architecture et à exprimer leurs observations sous diverses formes : écriture, photographie et présentations formelles. La rédaction de leur travail de trimestre exige qu'ils rencontrent des fidèles en entrevue, scrutent des documents historiques et rassemblent des documents de recensement et divers documents descriptifs. Certains travaux peuvent même être produits et enregistrés par des organismes locaux de conservation et être utilisés pour appuyer des démarches de protection des bâtiments.

Par ailleurs, des étudiants ont participé à une enquête sur le patrimoine religieux pour le compte de la *Cleveland Restoration Society* (Klein, 1995) afin d'évaluer l'aide technique requise par les communautés dans leurs démarches de préservation des bâtiments. Ils ont également identifié les services offerts dans le quartier. Les tableaux 1, 2 et 3 présentent une partie des résultats de l'enquête. On remarque que dans les quatre-vingt-dix-neuf communautés étudiées, bon nombre fournissaient des programmes et des services importants dans le quartier. Dans la catégorie « autres », les institutions religieuses offraient également des programmes de musique et de sports, divers parrainages, des programmes d'été pour les jeunes, une école pour mères célibataires et même un mini service de police.

En plus de leur permettre de se familiariser avec le design architectural des bâtiments, l'évaluation de la structure physique et des besoins techniques permet aux étudiants d'acquérir des connaissances sur les aspects opérationnels pratiques et

*Tableau 1*
*État des bâtiments*

| RÉPARATIONS REQUISES | NOMBRE DE BÂTIMENTS CULTUELS (n = 99) |
|---|---|
| toiture | 52 |
| murs | 45 |
| fondations | 30 |
| fenêtres | 46 |
| chauffage | 47 |
| électricité | 50 |

*Tableau 2*
*Programmes sociaux communautaires*

| PROGRAMMES OFFERTS | NOMBRE DE BÂTIMENTS CULTUELS (n = 99) |
|---|---|
| produits alimentaires | 65 |
| école confessionnelle | 55 |
| aînés | 53 |
| désintoxication | 48 |
| activités parascolaires | 31 |
| garderies | 29 |
| démarrage de projet | 21 |
| formation à l'emploi | 19 |
| autres | 46 |

*Tableau 3*
*Utilisation communautaire des bâtiments*

| HEURES/SEMAINE D'UTILISATION COMMUNAUTAIRE | NOMBRE DE BÂTIMENTS CULTUELS (n = 99) |
|---|---|
| ≥ 20 heures | 28 |
| 11 – 20 heures | 18 |
| 1 – 10 heures | 43 |
| 0 heure | 10 |

les coûts qui y sont associés. Autrement dit, outre les connaissances techniques, le cours sur le patrimoine religieux donne aux étudiants des connaissances pratiques en matière de conservation des structures religieuses (aspects financiers et planification des immobilisations compris).

L'enquête a aussi permis de donner un aperçu des perceptions des citoyens du quartier quant au rôle joué par les institutions religieuses pour répondre aux besoins de la population.

Finalement, grâce à leur participation à des programmes de recherche courants dirigés par les professeurs, les étudiants seront davantage exposés au processus de planification et de prévision des dépenses en immobilisations de ces bâtiments. En cette ère de restrictions budgétaires, de telles connaissances seront utiles aux étudiants quand ils seront appelés à participer à la planification stratégique d'un quartier.

## Les réactions des étudiants

On a demandé aux étudiants d'évaluer le cours «*Cleveland Sacred Landmarks* ». La première partie de l'évaluation consistait en un questionnaire régulier à choix multiples. La seconde partie donnait la possibilité aux étudiants d'écrire leurs commentaires.

Les résultats de la première partie montrent que le cours a reçu des évaluations bien supérieures aux critères de l'université pour chaque aspect : cours, pertinence, méthodologie, charge de travail et évaluation globale. Les meilleures évaluations concernaient le contenu et la méthodologie alors que des résultats légèrement inférieurs furent obtenus pour la charge de travail (que certains étudiants percevaient comme trop lourde). Des conversations avec les étudiants à la fin du cours ont dévoilé que le journal était l'élément jugé le moins intéressant et le moins utile. Certains suggéraient même de laisser tomber cette exigence, ce qui, selon eux, ramènerait la charge de travail à un niveau acceptable.

Les évaluations écrites se sont révélées positives. Ces commentaires écrits, ainsi que les commentaires spontanés des étudiants pendant les cours, ont montré que les étudiants ont beaucoup apprécié le fait qu'un aspect de la ville qui leur était jusque-là inconnu soit maintenant démystifié et devienne une source d'idées pour la recherche en urbanisme.

Parmi les améliorations à apporter au cours, les professeurs prévoient compléter la liste des lectures recommandées et rendre les présentations davantage socratiques et orientées vers la discussion afin de favoriser les interactions. En outre, les professeurs ont rencontré des spécialistes et des scientifiques du domaine et ils ont contacté des éditeurs pour préparer un manuel pédagogique sur le patrimoine religieux ; ce manuel serait utilisé pour les cours en aménagement du territoire, mais aussi pour des cours de disciplines connexes.

## Suggestions et applications

Dans le cadre du cours, des exemples locaux sont utilisés pour l'enseignement de concepts généraux liés à l'esthétisme et à la valeur pratique des bâtiments religieux urbains. Bien qu'il s'agisse avant tout d'un programme d'urbanisme, ce cours pourrait facilement être adapté à d'autres universités et à d'autres programmes, particulièrement aux diplômes en architecture, en design et en conservation ; il suffirait d'utiliser des exemples locaux ou régionaux. Par ailleurs, on peut facilement imaginer qu'un tel cours puisse être adapté à des programmes d'histoire ou d'histoire de l'art, particulièrement dans les cas où des illustrations et des modèles régionaux sont privilégiés pour stimuler l'intérêt des étudiants. Cependant, ce genre de cours est probablement mieux adapté aux vieilles grandes villes qui offrent des ressources considérables en monuments historiques et dont la population est multiethnique.

Le cours, tel qu'il est présentement enseigné au *Cleveland State University*, ne traite certes pas de façon exhaustive de la problématique du patrimoine religieux. Ainsi, à l'avenir, d'autres thèmes devraient être ajoutés. Par exemple, bien que les vitraux représentent l'aspect artistique et décoratif du design religieux qui ait reçu le plus d'attention, on pourrait accorder davantage d'importance aux sculptures et aux tableaux, particulièrement aux œuvres d'artistes ou d'ateliers locaux. D'un point de vue plus pratique, certains thèmes importants auraient mérité d'être étudiés dans le cours, comme l'aspect juridique qui entoure les structures religieuses et les efforts pour les préserver. Dans la ville de New York, le cas de jurisprudence d'un monument historique, St. Bartholomew, et son impact sur les efforts de l'église pour démolir une structure secondaire afin de mieux servir (selon eux) la mission chrétienne, soulèvent des problèmes juridiques qui ont des répercussions sur l'aménagement du territoire et la liberté d'expression. Ces thèmes sont certainement pertinents à un cours sur le patrimoine religieux de n'importe quelle ville

(Weinstein, 1989). En général, plusieurs sujets touchant le patrimoine religieux sont liés à l'actualité autant qu'aux questions historiques. Un contenu de cours flexible favorise donc l'enseignement des affaires courantes des villes.

## Le patrimoine religieux : nouvelle heuristique en aménagement du territoire

Le cours, avec sa méthode d'études de cas, fournit des renseignements originaux et très pratiques aux étudiants en aménagement du territoire. En examinant ces importantes institutions urbaines, ils peuvent facilement parler de formes architecturales en utilisant le vocabulaire approprié. Ils acquièrent des compétences en recherche et en rédaction et se familiarisent avec les techniques de restauration et de conservation.

Par l'étude du patrimoine religieux, les étudiants peuvent tracer le développement fonctionnel d'une ville. Cette analyse d'un élément important d'un quartier les sensibilise à l'étendue des ressources du patrimoine religieux de la ville. Grâce à cette perspective unique, ils sont bien préparés à reconnaître le potentiel et les possibilités que ces structures offrent aux urbanistes.

## Bibliographie

Anonyme (1995), *Article principal*, « The Fight for Britain's Battlefields », *Planning Week, The Journal of the Royal Town Planning Institute*, 15 juin, 3, 24.

Armstrong, Foster, Cara Armstrong, et Richard Klein (1992), *Cleveland Sacred Landmarks*, Kent, Ohio, Kent State University Press.

Bacon, Edmund (1967), *Design of Cities*, New York, Viking Press.

Barnett, Jonathan (1986), *The Elusive City : Five Centuries of Design, Ambition, and Miscalculation*, New York, Harper & Row.

Berke, Arnold (1995), « Angels All », *Historic Preservation*, mars-avril.

Berry, Brian, J.L., et John D. Kasarda (1977), *Contemporary Urban Ecology*, New York, MacMillan.

Birch, Eugenie, et Douglas Roby (1984), « The Planner and the Preservationist: An Uneasy Alliance », *Journal of the American Planning Association*, printemps, p. 194-207.

Bowers, C.A. (1995), *Educating for an Ecologically Sustainable Culture*, Albany, State University of New York Press.

Bryson, John M., et Barbara C. Crosby (1989), « The Design and Use of Strategic Planning Arenas », *Planning Outlook*, 32, 1.

Chapin, F. Stuart, et Edward Kaiser (1979), *Urban Land Use Planning*, 3e éd., Urbana, Illinois, University of Illinois Press.

Christaller, Walter (1966), *Central Places in Southern Germany*, (trad.) par C.W. Baskin, Englewood Cliffs, New Jersey, Prentice Hall.

Chudacoff, Howard P., et Judith E. Smith (1988), *The Evolution of American Urban Society*, 3e éd., Englewood Cliffs, New Jersey, Prentice Hall, 308 p.

Cigliano, J. (1991), *Showplace of America: Cleveland's Euclid Avenue, 1850-1910*, Kent, Ohio, Kent State University Press.

Cisneros, Henry (1995), *Deterring Crime and Building Community*, Rockville, Maryland, Department of Housing and Urban Development.

*Cleveland Restoration Society* et *Partners for Sacred Places* (1993), « Sacred Landmarks of Cleveland », Rapport à la communauté, financé par le *Partners for Sacred Places* et en partie subventionné par le *Lilly Endowment, Inc.*

Cox, Harvey (1965), *The Secular City*, New York, MacMillan.

Datel, Robin (1985), « Preservation and a Sense of Orientation for American Cities », *Geographical Review*, avril, p. 125-141.

Ditchfield, Priscilla (1993), « Sacred Landmarks of Cleveland », Rapport non publié préparé pour la *Cleveland Restoration Society* et les *Partners for Sacred Places.*

Garreau, Joel (1991), *Edge City: Life on the New Frontier*, New York, Doubleday.

Gold, Harry (1982), *The Sociology of Urban Life*, Englewood Cliffs, New Jersey, Prentice-Hall, Inc.

Greeley, Andrew (1972), *The Denominational Society*, Glenview, Illinois, Scott, Foresman.

Herberg, W. (1955), *Protestant, Catholic, and Jew*, New York, Doubleday.

Jacobs, Jane (1969), *The Economy of Cities*, New York, Random House.

Jordan, R. Furneaux (1984), *History of Western Architecture*, New York, Harcourt Brace Jovanovich.

Klein, Richard (1995), « Survey of Cleveland Religious Congregations », Rapport non publié préparé pour la *Cleveland Restoration Society*.

Macaulay, David (1973), *Cathedral: The Story of Its Construction*, Boston, Houghton Mifflin.

Mark, Robert, et William W. Clark (1984), « Gothic Structural Experimentation », *Scientific American*, 251, 5, p. 176-185.

Marty, Martin E. (1991), « New Visibility for the Invisible Institution », *Georgia Historical Quarterly*, LXXV.

Maslow, Abraham (1970), *Motivation and Personality*, 2e éd., New York, Harper & Row.

Mayer, Harold (1983), *Land Uses in American Cities*, Champaign, Illinois, Park Press.

Moudon, A.V. (1992) « The Evolution of Twentieth-Century Residential Forms: A Case Study », *Urban Landscapes* (Whitehead, J.W.R., et P.J. Larkham, éd.), London, Routledge.

Mumford, Lewis (1961), *The City in History*, New York, Harcourt Brace & World.

Newman, Oscar (1972), *Crime Prevention Through Urban Design*, New York, MacMillan.

Park, R., E.W. Burgess, et R.D. McKenzie (1936), *The City*, Chicago, University of Chicago Press.

Pearce, Neal (1995), « Concrete Morality », *Cleveland Plain-Dealer*, 11 mai.

Pilla, Mgr Anthony J. (1995), « The Church in the City », Cleveland, Ohio, *The Church in the City Task Force Report*, 1 mars.

Pivo, G. (1990), « The Net of Mixed Beads, Suburban Office Development in Six Metropolitan Regions », *Journal of the American Planning Association*, 56, p. 457-469.

Rankin, Roger (1995), « The Gravity of the Green Burial Issue », *Planning Week*, The Journal of the Royal Town Planning Institute, 1 juin, 3, 22.

Smith-Rosenberg, Carroll (1971), *Religion and the Rise of the City*, Ithaca, New York, Cornell University Press.

Swindoll, Mary (1993), « Fire Destroys Cleveland's Landmark Church », *Historic Preservation News*, mai.

Tevesz, M., et B. Bohner, (1986), « A Survivor Threatened », Script de T. Hallet, document audiovisuel sur *The architecture and Neighborhood History of St. Joseph Franciscan Church and Friary*, Cleveland, Ohio, préparé pour Viacom Cable Television.

Tevesz, M., T. Lewis, et M. Wells (1990), « Old Buildings in New Environments », dans « Special Issue: Cleveland Sacred Landmarks », *The Gamut*.

The Gamut, (1990), Numéro spécial sur *Cleveland Sacred Landmarks*, Préface de Tevesz, M., M. Wells, T. Lewis et T. Hallett.

Ullman, Edward A. (1980), *Geography As Spatial Interaction*, (Ronald Boyce, éd.), Seattle, University of Washington Press.

Weinstein, Alan (1989), « Land Use and the Constitution: Principles for Planning Practice », *AICP Handbook*, Chicago, Illinois, Planners Press (copies disponibles à la *American Planning Association*).

Welford, Richard (1995), *Environmental Strategy and Sustainable Development*, New York, Routledge.

## Note

[1] Cette communication a été présentée à un auditoire restreint, sélectionné par le comité scientifique du colloque. Les auteurs désirent remercier les personnes suivantes pour leurs judicieux commentaires des versions préliminaires du manuscrit : le Dr Roberta Steinbacher, le Dr Patricia Burgess et Mme Beth Singer. Ils remercient également le Dr John Blank pour son aide à la préparation des figures.

# Plan stratégique de conservation des églises et des chapelles au centre-ville de Montréal[1]

Jean-Claude Marsan, o.c.
Professeur, École d'architecture
Université de Montréal

Au cours de l'histoire, la concentration à Montréal d'une population porteuse de deux cultures principales, adhérant à des Églises catholique et protestantes, s'est traduite par une prolifération d'églises, de chapelles et d'autres édifices à caractère religieux. Un grand nombre de ces immeubles possède une valeur patrimoniale. C'est au centre-ville que cet héritage est le plus visible : on compte aujourd'hui sur ce territoire vingt-quatre églises et chapelles, en plus de sept couvents et domaines[2]. C'est donc dire que ce patrimoine matériel a puissamment contribué à façonner l'identité et l'image du cœur de la métropole.

Ces biens culturels sont aujourd'hui menacés sous l'action combinée du déclin démographique, de la chute de la pratique religieuse, de la prise en charge des services sociaux par l'État et du dépeuplement des secteurs urbains centraux au profit de la périphérie. La présente recherche considère les églises et les chapelles situées au centre-ville de Montréal et a pour objectif l'élaboration d'un plan stratégique qui pourrait assurer leur conservation.

## La méthodologie

La recherche met de l'avant le postulat qu'il serait hasardeux de dépendre uniquement des gouvernements pour assurer la conservation de ce patrimoine religieux. Il faudrait avant tout chercher à ce que ces immeubles puissent accueillir des fonctions compatibles, à caractère religieux ou autre, capables de générer des revenus qui suffiraient à assurer leur entretien.

Comme le nombre des églises et des chapelles au centre-ville est considérable, il va de soi qu'il faut faire porter l'action en priorité sur les édifices les plus significatifs du point de vue patrimonial et, parmi ceux-ci, sur ceux qui sont les plus menacés de disparition. Pour établir cette liste, on a élaboré des fiches techniques pour chacune des églises et des chapelles, visant à faire ressortir deux types d'information :

- **La valeur patrimoniale** : chaque bâtiment a fait l'objet d'une recherche quant à son intérêt historique, ses caractéristiques architecturales, son patrimoine artistique et l'importance de son rôle dans le paysage urbain.

- **Les menaces prévisibles** : pour cerner les menaces à l'intégrité des immeubles, chacun a fait l'objet d'une recherche concernant ses conditions physiques, la fréquence de son utilisation pour des fins de culte et l'état des revenus et des déboursés annuels durant la période 1961-1991. Ces renseignements peuvent être éloquents dans leur convergence : une église en mauvaise condition physique, dont la fréquentation et les revenus déclinent, voit également sa conservation menacée.

## L'ÉTAT DE LA QUESTION

L'analyse des fiches techniques a permis de faire ressortir certains renseignements peu connus. Ainsi, sur le plan du patrimoine historique et urbain, plusieurs églises, dont Notre-Dame-de-Bonsecours, Notre-Dame, Saint-Jacques, *St. Patrick*, *Christ Church*, *St. James the Apostle* et *St. George*, en s'implantant à l'origine à la périphérie de l'agglomération de l'époque, ont contribué à orienter le développement de cette dernière.

En ce qui concerne le patrimoine architectural, ce qui frappe surtout, c'est sa vitalité : il n'est pas resté figé dans le temps. Certaines églises ont fait l'objet d'agrandissements (*St. Luke Episcopalian* et *St. James the Apostle*) ; d'autres ont été complétées graduellement (Notre-Dame, *St. Patrick*, Saint-Pierre-Apôtre et *St. George*) ; d'autres encore ont connu d'importantes transformations intérieures (Notre-Dame et *Erskine and American*). Par contre, l'église du Gesù n'a jamais été terminée et certaines autres ont subi des dommages, soit la perte d'un ou des deux clochers d'origine (*Taylor Church*, Sacré-Cœur-de-Jésus et Saint-Sauveur), soit d'autres transformations préjudiciables (Mission catholique chinoise du Saint-Esprit et Notre-Dame-de-Bonsecours). Il est à noter que l'excellence architecturale atteinte par certaines églises semble tributaire du fait que leurs communautés ont changé d'immeuble au fur et à mesure de leur croissance ou de leur regroupement avec d'autres communautés. C'est le cas principalement des communautés *Erskine and American* et *St. Andrew and St. Paul*. On observe enfin que la majorité des architectes qui ont marqué de leur talent l'histoire de l'architecture de la région montréalaise ont également œuvré dans l'architecture religieuse. Cela montre l'importance que l'on accordait à l'époque à la qualité architecturale des églises malgré des budgets parfois réduits : dans la plupart des réalisations, on peut affirmer que la fierté des communautés allait de pair avec leur piété.

Le patrimoine artistique des églises est également important, mais demeure encore peu documenté et peu connu. Les orgues se distinguent, certaines par leur

*L'église Saint-Pierre-Apôtre, Montréal (photo Luc Noppen).*

ancienneté ou leur fabricant, d'autres par l'abondance des jeux. Les vitraux constituent également des biens culturels significatifs ; signalons que la plus importante collection de vitraux de Tiffany au Canada se trouve dans l'église *Erskine and American* et que plusieurs églises possèdent des vitraux provenant de l'atelier William Morris d'Angleterre (*Christ Church*, *St. James the Apostle* et *St. Andrew and St. Paul*). Le mobilier des églises se démarque par le fait que, dans de nombreux cas, il a été conçu en tout ou en partie par des architectes. Dans le domaine de la peinture, outre les fresques de la chapelle Notre-Dame-de-Lourdes qui sont uniques, il y a des trésors. Les sculptures, pour leur part, révèlent des noms comme Louis-Amable Quévillon, J.-Olindo Gratton et Philippe Hébert. Même les cloches méritent de retenir l'attention.

Quant au rôle rempli par les églises dans les paysages urbains, certaines ont conservé avec leur environnement immédiat des relations visuelles qui ont maintenu leur caractère d'origine. C'est le cas de Notre-Dame-de-Bonsecours, *Taylor Church*, Sacré-Cœur-de-Jésus, Sainte-Marguerite-Marie, *Erskine and American* et *St. Andrew and St. Paul*. La grande majorité des autres églises apporte aux paysages du centre-ville des éléments de contraste et de diversité qui contribuent à les caractériser et à les humaniser.

*L'église St. Patrick, Montréal (photo Pierre Lahoud).*

**Le classement des églises selon leur valeur patrimoniale**

En accordant à chaque église un pointage variant de un à cinq (de la moindre à la plus grande valeur) pour chaque critère d'évaluation — importance historique, caractéristiques architecturales distinctives, patrimoine artistique et relation visuelle avec le milieu — on obtient le classement suivant :

- 1er rang (20 points) : la basilique Notre-Dame.
- 2e rang (17 points) : la cathédrale *Christ Church*.
- 3e rang (16 points) : la basilique *St. Patrick* et les églises Saint-Pierre-Apôtre et *Erskine and American*.
- 4e rang (15 points) : les églises *St. Andrew and St. Paul*, *St. George* et la basilique Saint-Jacques-le-Majeur (aujourd'hui la cathédrale Marie-Reine- du-Monde).
- 5e rang (14 points) : l'église *St. James United* et la chapelle Notre-Dame-de-Bonsecours.
- 6e rang (12 points) : les églises Sainte-Brigide, Sacré-Cœur-de-Jésus, Gesù et la chapelle Notre-Dame-de-Lourdes.

- 7e rang (11 points) : les églises *St. John the Evangelist*, *St. James the Apostle*, *Emmanuel Congregational* et Sainte-Marguerite-Marie.
- 8e rang (10 points) : l'église de la Mission catholique chinoise du Saint-Esprit.
- 9e rang (9 points) : l'église *Holy Trinity* (aujourd'hui Saint-Sauveur).
- 10e rang (6 points) : les églises *St. John Lutheran* et *Taylor Church*.
- 11e rang (2 points) : les églises *St. Luke Episcopalian* et St. *John Presbyterian*.

**Les conditions physiques**

Une évaluation des conditions physiques des églises et des chapelles, à partir d'études déjà effectuées à cette fin, donne le tableau suivant :

- **Bon état** : *St. Patrick*, *Emmanuel Congregational*, Mission chinoise du Saint-Esprit, *St. Andrew and St. Paul*, Gesù, Notre-Dame et Notre-Dame-de-Lourdes.
- **En cours de restauration** : *Christ Church* et Notre-Dame-de-Bonsecours.
- **Travaux de moyenne envergure** : *St. George*, *Erskine and American*, *St. John the Apostle*, Saint-Pierre-Apôtre, Sainte-Brigide, Sainte-Marguerite-Marie et Sacré-Cœur-de-Jésus.
- **Travaux de grande envergure** : *St. James United*, Marie-Reine-du-Monde et *St. John the Evangelist*.

**La fréquentation pour fins de culte et la santé financière des églises**

Les renseignements concernant la fréquentation pour fins de culte et l'état des revenus et des dépenses annuels pour les décennies 1961-1991 nous permettent de faire certains constats. En premier lieu, dans la plupart des cas étudiés, la baisse de la fréquentation des églises fut drastique au cours des décennies 1961-1981, mais elle s'est atténuée au cours de la décennie suivante. Trois cas méritent cependant d'être nuancés. Sainte-Brigide a subi une chute de fréquentation de l'ordre de quatre-vingt-dix pour cent durant les années 1961-1981, mais une remontée de quatre-vingt pour cent entre 1981 et 1991. Même scénario pour l'église *St. George* : cinquante-neuf pour cent de baisse en 1961-1981 et une remontée de quatre-vingt-cinq pour cent en 1981-1991. Quant à l'église *St. Andrew and St. Paul*, elle a connu la baisse de fréquentation la plus faible de toutes les églises dont nous possédons des données : trente-sept pour cent en 1961-1981 et quatre pour cent en 1981-1991.

Pour ce qui est des revenus et des dépenses, les déboursés suivent la courbe des entrées d'argent dans la plupart des cas. Ce n'est qu'en comparant ces renseignements avec les données sur les conditions physiques et sur la fréquentation que nous sommes en mesure de porter un jugement sur la santé financière des églises.

## LES TENDANCES, LES MENACES ET LES OPPORTUNITÉS

### Le monument au service de la conservation

Si l'on aborde maintenant la question d'une stratégie de conservation, plusieurs voies se dessinent. En premier lieu, certaines églises peuvent être cataloguées dans la catégorie des « monuments ». Cela veut dire que l'importance de leur histoire ainsi que l'excellence de leur architecture (et souvent du contexte urbain immédiat), y compris celle de leur patrimoine artistique, en font des édifices à part que la population a tendance à reconnaître et à s'approprier comme tels. Dans cette optique, il est permis de considérer que la conservation à long terme des basiliques Notre-Dame et *St. Patrick* et des cathédrales *Christ Church* et Marie-Reine- du-Monde ne devrait pas créer de problème car leur caractère même de « monuments » est le meilleur rempart contre leur disparition.

### Les cas sous contrôle

Il existe des cas sous contrôle. Ainsi, l'Armée du Salut a cédé une partie du terrain et des droits souterrains de l'église *Emmanuel Congregational* pour permettre la construction de la Maison Alcan en 1982-1983. Cela devrait mettre cette église à l'abri des menaces de démolition, d'autant plus qu'elle est spatialement intégrée au complexe en question.

Même si l'église de la Mission catholique chinoise du Saint-Esprit n'est pas aussi bien intégrée au complexe Guy-Favreau, ces deux entités ont été liées intimement quand le gouvernement fédéral a développé cet ensemble architectural. Outre cet historique, si l'on considère le symbole que représente le quartier chinois à Montréal et le fait que l'église ait été classée monument historique en 1977, on peut présumer que la conservation de cet édifice est assurée.

Divers facteurs assurent, pour l'instant, la conservation de l'église *St. Andrew and St. Paul*, dont son excellente condition physique et le fait qu'elle ait connu une baisse de fréquentation parmi les plus faibles des églises au centre-ville durant les décennies 1961-1991, la riche histoire de la communauté et son attachement au sanctuaire. Même observation en ce qui concerne l'église *St. George* dont la fréquentation est en hausse et qui fait l'objet d'une action concertée pour accroître ses revenus.

La chapelle Notre-Dame-de-Bonsecours ne semble pas menacée non plus. Sa valeur symbolique, tant pour la population que pour plusieurs communautés religieuses, sa place privilégiée dans l'arrondissement historique du Vieux-Montréal et le fait que les Sulpiciens, qui en sont propriétaires, possèdent plusieurs sources de revenus, sont autant de raisons à l'appui de ce diagnostic. L'édifice est d'ailleurs en cours de restauration. Même constat quant à l'église Sainte-Marguerite-Marie : l'édifice est la propriété de l'archevêché de Montréal qui le loue à la Mission catholique latino-américaine Notre-Dame-de-la-Guadeloupe.

**Les cas préoccupants et les priorités**

Un plan stratégique doit établir des priorités et concentrer les énergies sur les églises qui sont ou qui risquent d'être menacées de disparition dans un avenir prévisible et dont la conservation s'impose de toute évidence. Si l'on exclut les églises dont la valeur patrimoniale est plutôt faible (Saint-Sauveur, *St. John Lutheran*, *Taylor Church*, *St. Luke Episcopalian* et *St. John Presbyterian*) et les dix églises dont l'avenir est sous contrôle, neuf églises et chapelles au centre-ville retiennent l'attention. En accordant à ces immeubles un pointage croissant en regard de l'importance de leur valeur patrimoniale, multiplié par un pointage croissant en regard de l'envergure de leur détérioration physique, on arrive aux priorités d'intervention suivantes :

- 1re priorité : *St. James United*
- 2e priorité : Saint-Pierre-Apôtre et *Erskine and American*
- 3e priorité : *St. John the Evangelist*
- 4e priorité : Sainte-Brigide et Sacré-Cœur-de-Jésus

*Erskine and American Church*, Montréal (photo Inventaire des biens culturels).

- 5e priorité : *St. James the Apostle*
- 6e priorité : le Gesù et Notre-Dame-de-Lourdes.

## PLAN STRATÉGIQUE DE CONSERVATION

### Les enseignements de l'histoire

L'histoire de certaines églises est susceptible de nous guider vers des pistes possibles de conservation pour l'avenir. Les enseignements suivants peuvent être ainsi dégagés :

- **L'église comme bénéficiaire du développement** : en parasitant des sites avantageux, des églises ont par la suite bénéficié de leur développement. Ce qui a été vrai du développement urbain pourrait l'être également du « redéveloppement ».
- **Le regroupement des communautés** : les églises *Erskine and American* et *St. Andrew and St. Paul* nous rappellent qu'elles ont bénéficié du regroupement de leurs communautés. De tels regroupements de communautés et de paroisses peuvent être envisagés dans l'avenir.
- **Le transfert de lieux de culte** : tant du côté protestant que catholique, il y a des exemples de bâtisses qui ont servi successivement de lieux de culte à différentes Églises et communautés.
- **Le partage des lieux de culte** : le cas de certaines églises nous fait penser que le partage du lieu de culte peut être une solution à la conservation de certains immeubles.
- **L'apport du voisin ou du partenaire** : parmi les églises dont la conservation semble assurée, un certain nombre le doivent à un voisin ou à un partenaire (*Christ Church*, *Emmanuel Congregational*, Mission catholique chinoise du Saint-Esprit, etc.). Cette solution est sans doute l'une des plus pertinentes au centre-ville, compte tenu notamment du fait que les églises et leur site peuvent offrir des possibilités de mise en valeur intéressantes pour des propriétés avoisinantes.

### Les pistes de solution pour les cas préoccupants

L'objectif ici n'est pas de proposer des solutions définitives mais d'explorer des pistes de solution pour la conservation des églises au centre-ville.

- ***St. James United*** : la démolition des bâtiments qui font écran à cette église rue Sainte-Catherine permettrait de désenclaver son site et créerait une situation propice au développement de nouvelles fonctions à son pourtour. Cette opération se traduirait par un accroissement substantiel de la plus-value des propriétés riveraines, donc par une augmentation parallèle des taxes foncières dont une partie pourrait être prélevée pour l'entretien de l'église.

- ***Erskine and American*** : deux projets de restauration et de recyclage fort compatibles avec cet immeuble sont envisagés : le premier consisterait à transformer l'église en bibliothèque publique pour accueillir les collections de livres d'art du Musée des beaux-arts voisin et des universités du centre-ville et le second à transformer l'édifice en salle de musique de chambre, avec utilisation à des fins de culte à des périodes prédéterminées.

- **Saint-Pierre-Apôtre, Sainte-Brigide et Sacré-Cœur-de-Jésus** : chacune de ces églises se trouvant à distance de marche l'une de l'autre, un regroupement des paroisses pourrait être envisagé au profit des églises Sainte-Brigide et Sacré-Cœur-de-Jésus. Quant à Saint-Pierre-Apôtre, qui est régulièrement utilisée pour des concerts et des enregistrements, la stratégie de conservation devrait être axée principalement sur ce type d'utilisation, en partenariat avec la Maison de Radio-Canada voisine.

- ***St. John the Evangelist*** **et Notre-Dame-de-Lourdes** : considérant leur situation au sein du campus de l'Université du Québec à Montréal, les solutions de conservation semblent liées à cette institution et à ses besoins.

- **Le Gesù** : l'église et son site peuvent contribuer à mettre en valeur la Place Félix-Martin, dont seule la première phase est complétée. Il y aurait lieu d'envisager un partenariat très actif lors de la seconde phase de développement de l'ensemble architectural.

- ***St. James the Apostle*** : plusieurs solutions sont possibles pour assurer la conservation de cette église, de la location d'espaces libres à un partenariat avec l'Université Concordia voisine. Une autre voie mérite d'être explorée : comme plusieurs sites voisins le long de la rue Sainte-Catherine ne sont pas développés à leur pleine capacité, on pourrait envisager que certains puissent déroger à la réglementation du Plan d'urbanisme en retour d'une contribution à l'entretien de l'église.

## La gestion de la conservation : le leadership, la convergence et la coordination

La réalisation du plan stratégique de conservation et la mise en valeur culturelle et touristique des églises patrimoniales au centre-ville nécessitent un processus continu visant la poursuite des objectifs fixés et la concertation permanente de tous les intervenants concernés. Ce processus devrait être pris en charge et assuré par l'Association patrimoniale interconfessionnelle *Pierres Vivantes*, qui devrait instituer un secrétariat permanent dont on confierait la direction à une personne compétente et dynamique, responsable de poursuivre les objectifs suivants :

- La mise en œuvre du plan stratégique.
- Le rassemblement et la diffusion de l'information.
- La création de liens dynamiques avec des instances universitaires et autres organismes qui peuvent contribuer à mieux connaître et faire connaître le patrimoine historique, architectural et artistique des églises et des chapelles montréalaises.
- L'établissement d'un partenariat avec le Centre Canadien d'Architecture qui pourrait étudier et conserver les documents relatifs à l'histoire et au patrimoine architectural et artistique de ces édifices.
- La diffusion de l'expérience acquise.

## Conclusion

La situation que révèle cette étude aurait pu être bien plus dramatique. Si certaines églises sont menacées, d'autres ont profité des transformations morphologiques du tissu urbain au centre-ville pour s'insérer dans une nouvelle dynamique qui les protège. Elles indiquent l'une des principales voies à suivre pour la conservation de ce patrimoine religieux.

Il est également rassurant de constater au cours de l'histoire l'attachement à ces églises et à ces chapelles, tant des paroissiens et des communautés ecclésiales que de la population en général ; la survie de plusieurs d'entre elles est certainement le fruit de l'acharnement. Il faut compter sur cette volonté et cet attachement collectifs comme alliés dans un plan stratégique de conservation. Ils existent déjà pour les églises qui ont valeur de « monuments ». Il faut les faire surgir pour d'autres églises, notamment en faisant mieux connaître leur histoire et leur patrimoine architectural et artistique.

Pour être « stratégique », un plan de conservation doit établir des priorités. Celles-ci doivent être déterminées en fonction de l'importance de la valeur patrimoniale de chaque église et de chaque chapelle et des menaces qui pèsent sur elles. Comme nous avons pu le voir, des pistes de solution se dessinent pour la plupart des cas préoccupants, mais elles risquent de mener nulle part s'il n'y a pas une prise en charge de l'opération par un organisme responsable dirigé par une personne capable d'assurer concertation et leadership.

*La nef de l'église St. George, Montréal (photo Inventaire des biens culturels).*

## NOTES

1 Résumé d'une recherche effectuée pour Héritage Montréal par Jean-Claude Marsan, professeur titulaire, responsable du programme de Maîtrise en conservation de l'environnement bâti, École d'architecture, Université de Montréal (directeur de la recherche) et Caroline Dubuc (chercheure), avec la collaboration de Gérard Beaudet, professeur agrégé, Institut d'urbanisme, Université de Montréal, de Dinu Bumbaru et de Nancy Dunton d'Héritage Montréal. Commandites : Conseil régional de développement de l'île de Montréal, Ville de Montréal (Entente sur le développement culturel de Montréal), ministère de la Culture et des Communications, Pierres Vivantes et Université de Montréal.

2 Pour les fins de cette recherche, les limites du centre-ville, telles que définies dans le Plan d'urbanisme de la Ville de Montréal en 1992 (à savoir, le secteur délimité, *grosso modo*, par le fleuve Saint-Laurent et le canal Lachine au sud, la rue Guy et l'avenue Atwater à l'ouest, le parc du mont Royal et la rue Sherbrooke au nord et la rue Amherst à l'est), ont été repoussées du côté est jusqu'à l'avenue Papineau de façon à comprendre les églises Saint-Pierre-Apôtre, Sainte-Brigide, *St. John Presbyterian*, *St. Luke Episcopalian* et l'ancienne église Taylor. Ne sont considérées dans cette recherche que les églises et les chapelles qui servent encore de lieux de culte et qui ont été construites avant 1945.

# LES ATELIERS

# Allocution d'ouverture

Denis Vaugeois
Historien et éditeur
Québec

Mon propos sera très simple, il s'agira plutôt de réflexions, de questions. Au fond de moi-même, il y a toutefois des réponses et vous comprendrez pourquoi je les exprime avec une certaine prudence. Vous devez vous demander d'ailleurs pourquoi je suis ici ; je vous dirai que j'arrive du terrain et j'amorcerai ma présentation par un souvenir personnel. Lorsqu'il m'avait invité aux Affaires culturelles[1], M. René Lévesque m'avait expliqué très rapidement ses attentes. Il m'avait fait une recommandation sur la rénovation et la restauration des bâtiments anciens que je n'ai pas très bien comprise sur le moment. René Lévesque se scandalisait de voir le coût de certaines restaurations et sentait que nous nous dirigions vers un cul-de-sac.

Je regrette que les premiers édifices qui ont été touchés par les conséquences de l'étalement urbain n'aient pas été les églises. Tous, pratiquants ou non, sont aujourd'hui émus, préoccupés, de constater qu'une église puisse disparaître ; mais auparavant, combien d'édifices intéressants sont tombés ? Des couvents sont tombés, des écoles sont tombées. Ce qui devrait déranger surtout, c'est ce qui est derrière le problème apparent des démolitions. Je ne pense pas à la baisse de la pratique religieuse, mais au fait que l'on ne devrait pas se préoccuper seulement du sort des édifices, fussent-ils des églises ; il faut regarder l'ensemble des problèmes.

J'ai vécu comme député à Trois-Rivières, une petite ville où il était plus facile d'observer les choses. Une ville de huit quartiers ou huit paroisses d'environ huit mille habitants en moyenne. En un rien de temps, j'ai vu passer ces paroisses à moins de trois mille habitants. Évidemment, l'école devenait inutile, le reste tombait et l'église était le dernier édifice à être menacé.

Même si l'on a l'impression qu'il n'y a plus rien à faire, la première action que l'on devrait attendre de tous nos gouvernements, c'est qu'ils soient davantage conscients des conséquences de l'étalement urbain. On a tous, ou presque, considéré que ce phénomène était irréversible et qu'il n'y avait rien à faire. Pourtant, notre richesse n'est-elle pas dans des villes capables de recevoir plusieurs fois leur population actuelle ? Vous me direz d'oublier que notre argent est là, dans des équipements qui ne sont plus utilisés, que le mal est fait. Mais si l'on veut donner une vocation sociale, culturelle, communautaire à une église dont on n'a plus besoin pour le culte, s'il n'y a plus de monde autour, dans le quartier, dans la ville, a quoi cela servira-t-il de penser à des activités sociales, culturelles, communautaires ? Il faudrait déplacer nos églises pour rattraper le monde, mais où? Les nouveaux développements domiciliaires sont tellement dispersés.

En me préoccupant du drame de l'étalement urbain, je ne crois pas prêcher inutilement : l'histoire du monde et ses erreurs se jouent sur une longue période et les erreurs peuvent être réparées même s'il faut parfois bien du temps.

Nous vivons présentement le problème des églises. Quand les premières églises ont été jugées inutiles, la question s'est posée. Fallait-il les conserver ou leur trouver une nouvelle vocation ? Aujourd'hui, je comprends que l'on s'interroge sur la possibilité même d'en démolir et d'en sacrifier certaines. Bien que je sois étonné que l'on en soit venu si rapidement à ces conclusions, je reconnais qu'elles dénotent un certain réalisme.

Pourtant, il ne faudrait pas que les églises qui tombent soient celles que nous aurions dû conserver. Une planification me paraît nécessaire. Même quand une église doit disparaître, il y a des précautions à prendre. Pensons à des exemples européens, entre autres, au cas de Budapest où un hôtel Hilton est construit sur les ruines d'un ancien monastère. L'hôtel a eu l'autorisation d'y être construit dans la mesure où ses concepteurs acceptèrent de rappeler le passé et de mettre en valeur les ruines. D'ailleurs, cette façon de faire donne souvent des résultats très intéressants grâce à l'imagination des spécialistes contemporains.

Personnellement, je vis bien avec des cas d'intégration d'éléments, comme à l'Université du Québec à Montréal ; cela évoque le passé. Nous ne sommes pas obligés de tout conserver ; il y a des éléments qui doivent être conservés et, à la limite, des salles et des lieux qui « rappellent ». Pensons par exemple au débat à propos des forges du Saint-Maurice à Trois-Rivières. Si l'on avait été très riche, on aurait reconstruit tout le village. Heureusement, on ne l'était pas ; on a donc reconstruit la « grande maison » et utilisé des volumes expressifs pour évoquer les autres structures sur le site, notamment les hauts-fourneaux.

Il y a donc des choix à faire et il est à espérer que les décisions toucheront les bons édifices, qu'un certain nombre de critères d'appréciation seront appliqués et que l'on pourra en conserver la mémoire. Quand vient le moment de transformer, de céder un édifice patrimonial, il y a des précautions à prendre. Je pense entre autres à une église très bien située à Québec, dans un endroit extraordinaire, avec beaucoup de potentiel. Je ne parlerai pas de l'édifice lui-même dont les qualités remarquables justifient la conservation, mais je poserai la question : qui peut payer pour sa conservation, sa reconversion ? À mon avis, l'église pourrait être cédée pour une somme symbolique, en retenant l'hypothèse que, si l'acheteur réussit une bonne affaire, ceux qui lui ont cédé le bien profiteront des retombées économiques d'une telle cession si elle favorise la réalisation d'un projet de mise en valeur; avec l'hypothèse aussi que, si tout se passe bien, ce qui reste de cette paroisse, de cette fabrique, pourrait aussi en profiter. Il y a différentes formules dont certaines sont déjà appliquées, notamment : vendre à un dollar sous certaines conditions, vendre en gardant une partie de la propriété ou vendre à un groupe, à une corporation, à un corps de métier capable d'intervenir dans le sens souhaitable et d'agir comme partenaire.

À l'époque, René Lévesque m'avait signalé un autre problème : les gens les mieux préparés pour rénover et restaurer n'ont pratiquement pas le droit de le faire. En attendant les vraies solutions, serait-il possible d'envisager que l'on puisse leur faire partager la propriété d'un bien et qu'ils puissent travailler sur leur bien, comme on peut réparer sa maison ? Bien sûr, l'idéal serait d'en arriver à des ententes avec les groupes syndicaux en cause. Si l'on regarde les rapports de nombre : deux ou trois mille comparativement à quatre-vingt-dix ou cent mille membres syndiqués, il est clair qu'il y a des efforts à faire pour trouver des solutions. Il est absolument impératif de tout faire pour permettre à certains travailleurs des métiers traditionnels d'être actifs sur les chantiers de rénovation et de restauration.

En attendant, voyons le contexte : la SODEC[2] est à la Place Royale à Québec, où elle répare encore ou restaure ; elle rénove des maisons à un coût qu'il est préférable de ne pas mentionner tant il est élevé. Est-ce la seule façon de procéder ? Il y a des précédents, justement en périphérie de la Place Royale, où des formules ont permis, avec un million, de faire sur plusieurs maisons ce qu'on ne réussissait pas à faire pour le même montant sur une seule maison (dont on ne savait même pas quoi faire une fois le travail terminé). Il est important de se pencher sur les problèmes de coûts, parce que souvent on dit que cela coûte trop cher et on renonce à intervenir sur des bâtiments qui le mériteraient. Mais qu'est-ce qui coûte trop cher ? Des interventions qui ne sont pas opportunes, par des gens qui ne sont pas préparés à les faire ? Par ailleurs, je ne suis pas partisan de ce qu'on a appelé la *restauration exemplaire* : refaire une partie du bâtiment tel qu'il était jadis, bien sûr, pourquoi pas, mais quand on le fait sur l'ensemble du bâtiment, un peu au mépris de l'évolution des mœurs, des mentalités, des besoins et du savoir d'aujourd'hui, avec les matériaux d'aujourd'hui, c'est commettre une autre erreur. Il faut savoir marier le traditionnel, l'ancien, l'historique, la valeur patrimoniale, avec les fonctions et les moyens modernes, moins coûteux. Je crois qu'il y a là prétexte à considérer les rôles des groupes en présence, c'est-à-dire les métiers de la construction et les métiers traditionnels.

Quand on se bat pour conserver un édifice, qu'on l'aime, qu'on a mis des semaines et des mois à l'étudier, qu'on le connaît, qu'on connaît son histoire et qu'on a réussi à trouver l'argent pour lui redonner vie, qu'on a réussi à trouver une vocation qui corresponde bien à ce qu'il a été, on est content. Et les spécialistes vous expliquent ce qu'on va faire concrètement avec l'argent, puis avec le bâtiment ; mais hélas, se présentent aussi les normes du Code du bâtiment. Au moment de mon arrivée au ministère des Affaires culturelles, il y avait le code québécois, le code canadien et des codes municipaux. Au Conseil des ministres « péquistes », nous avions regardé les codes du bâtiment et avions été obligés d'admettre que le pire était le code québécois. Un cabinet péquiste a donc décidé d'utiliser le code canadien. Parfois, quand le code se fait discret, les municipalités veillent. Québec est une ville qui veille et qui nous fait veiller.

Quand je ne suis pas historien, ou éditeur, je fais des affaires. Il faut bien gagner sa vie ! Un jour où je voulais acheter un édifice dans la ville de Québec, sur la côte de la Fabrique, l'agent d'immeuble m'avait dit : « Monsieur Vaugeois, vous êtes dans le Vieux-Québec ici. Petit conseil : faites-vous expliquer ce qu'il faudrait faire pour rendre l'édifice conforme ». Je n'ai jamais trouvé une personne à la Ville de Québec pour me répondre ; aucun fonctionnaire n'a jamais voulu se compromettre sur une liste écrite que j'aurais pu présenter à un entrepreneur. Je me souviens d'un escalier de secours à l'arrière d'un édifice auquel il manquait six pouces de largeur ; il était là depuis des décennies, mais il fallait l'élargir ! Et les mêmes normes s'appliquent aux églises.

Prenons le cas du Morrin College, l'ancienne prison de la rue Saint-Stanislas à Québec. Que ferons-nous s'il faut appliquer le Code du bâtiment ? Il faudra lui enlever tout ce qui reste d'authentique. Nous avons là un très gros problème qui est toutefois moins délicat que les questions syndicales. Dans le cas des bâtiments, classés biens patrimoniaux ou que l'on désignerait comme ayant une valeur particulière, les gouvernements pourraient déterminer que l'on peut en faire des cas particuliers et s'en remettre à des spécialistes pour approuver et surveiller la restauration qui serait faite en observant l'esprit et les objectifs du Code du bâtiment. Il suffirait de désigner un comité de surveillance qui veillerait à ce que le maximum de respect soit accordé à l'édifice, compte tenu de la vocation prévue.

En terminant, quand il faut solidifier un clocher d'église ou travailler la pierre, le bois, le fer d'un édifice patrimonial, qui est le mieux placé pour intervenir ? Ceux qui ont le droit de le faire ou ceux qui n'ont pas le droit ? Il faut, dans ce colloque, que nous ayons des réflexions terre à terre, parce qu'on ne peut plus demander beaucoup d'argent aux gouvernements, ni à la population. Il faut apprendre à faire plus avec moins. Tout le monde en convient et, parfois, c'est pour le mieux.

## NOTES

1 Denis Vaugeois a été ministre des Affaires culturelles de 1978 à 1981 dans le gouvernement du Parti Québécois, dirigé par René Lévesque (1976-1985).

2 La Société de développement des entreprises culturelles du Québec est une société d'État relevant de la Ministre de la Culture et des Communications.

# ATELIER I : L'ÉCONOMIE

## Les Églises et les lieux de culte : les ressources et la conjoncture économique

Président et animateur : Guy Mercier
Professeur au Département de géographie
Chercheur au CÉLAT
Université Laval

Dans toutes les Églises, les ressources humaines et matérielles se font rares. La survie des lieux de culte doit-elle être traitée au cas par cas ou doit-on envisager une concertation, une planification stratégique ? Les besoins en lieux de culte peuvent-ils être conciliés avec les ressources disponibles pour le patrimoine ? Quelle forme d'aide assurerait le mieux la survie des lieux de culte, ou, à défaut, garantirait la conservation des églises comme monuments civiques ?

# LA VALORISATION DU PATRIMOINE ARCHITECTURAL POUR AIDER LES GROUPES COMMUNAUTAIRES : QUELQUES INITIATIVES À SAINT-ROCH DE QUÉBEC

« On ne peut hériter de ceux que l'on a abandonnés »

MICHEL SOUCY
Consultant
Pythagore — coopérative de conseils
aux organisations et aux entreprises
Québec

Le patrimoine architectural constitue un terrain de choix pour servir la communauté sur les plans économique, social et culturel. Mon point de vue sur la question du maintien du patrimoine d'Église prend sa source dans mes activités. Tout d'abord mon engagement, à titre d'administrateur de la Fabrique de la paroisse Saint-Roch (située en plein centre-ville de Québec), m'a permis de faire quelques constatations à la suite d'une étude réalisée par M^me^ Pascale Caron, consultante en économie sociale et ex-conseillère économique du diocèse de Savoie. La paroisse Saint-Roch compte un peu plus de cinq mille habitants. Le taux de pratique des paroissiens ne dépasse pas dix pour cent. Il y a environ cinq cents personnes résidant sur ce territoire qui soutiennent leur paroisse, soit financièrement, soit de façon un peu plus marquée par leur participation à différents comités. Les fonds amassés durant les célébrations de la semaine, qui sont essentiellement fréquentées par des travailleurs qui ne résident pas à Saint-Roch, sont à peu près égaux à ceux amassés durant les célébrations des fins de semaine. Ainsi, la contribution moyenne annuelle est d'environ cent cinquante dollars par personne. À ce chapitre, les revenus de la paroisse représentent à peine le tiers du budget. Le déficit annuel, récurrent depuis au moins six ans, oscille entre cent et cent cinquante mille dollars. La part des ressources que la paroisse doit consacrer à l'entretien et à la réfection des bâtiments accapare cinquante pour cent du budget, soit deux cent cinquante mille dollars. Les seuls frais de chauffage de l'église, qui ne font pas partie du budget d'entretien et de réfection, atteignent quarante-cinq mille dollars annuellement.

La première mission d'une paroisse est la pastorale, comme quelques personnes, dont le curé de la paroisse Notre-Dame-du-Chemin, le signalaient lors d'un débat sur la question à l'émission « Droit de parole » diffusée à Télé-Québec. Le maintien du patrimoine fait également partie de sa mission. Cependant, le maintien du patrimoine d'Église ne doit pas se faire au détriment de la pastorale. Prenons par exemple le cas de la paroisse Saint-Roch : nous constatons que plus de cinquante pour cent des ressources de la paroisse — et la tendance est à la hausse — sont consacrées au maintien et à la réfection du patrimoine religieux collectif.

En dépit de ces constatations, je ne crois pas que les paroisses doivent abandonner leur patrimoine. Elles doivent plutôt trouver des partenaires qui s'associent à leurs préoccupations et qui participent au maintien et à la réfection du patrimoine religieux collectif.

Nous pensons que la réponse à la question : « Devons-nous conserver notre patrimoine religieux ? » est, dans bien des cas, positive. D'ailleurs, le sondage réalisé par la firme Som et La Presse en témoigne, puisque seulement six pour cent des personnes interrogées sont contre la conservation du patrimoine d'Église.

La question qui se pose aujourd'hui est plus directe : « Comment pouvons-nous conserver ce patrimoine ? » Bon nombre d'intervenants participent déjà à cette réflexion et le présent colloque apportera certainement quelques éléments de réponse. M^me^ Raymonde Gauthier, historienne de l'architecture à l'UQAM abonde aussi dans ce sens et je la cite : « Une église ça a été payé par tout le monde et tout le monde doit en jouir ». Les fabriques des paroisses ne sont donc pas seules à avoir la responsabilité du patrimoine d'Église, pas plus que les municipalités et les gouvernements. Nous croyons que la solution se trouve dans la concertation et c'est l'une des raisons qui incitent quelques intervenants du centre-ville à imaginer des outils de financement qui serviront à la conservation et à la valorisation du patrimoine architectural collectif d'Église.

## À tout problème, il y a une réponse

Je suis justement ici pour vous faire part de quelques initiatives prises dans mon milieu dans cette recherche de solutions.

Nous avons d'abord commencé par analyser la rentabilité des locaux de la paroisse. Constatant qu'ils étaient sous-utilisés, nous avons proposé d'en tirer parti pour augmenter les revenus de la paroisse. Nous nous sommes donc tournés vers le milieu pour offrir des locaux en location aux organisations collectives, avec possibilité de les aménager selon leurs besoins.

Une alliance entre les milieux communautaires locaux et internationaux et les milieux paroissiaux a donné naissance au Centre d'action communautaire Nord-Sud. Le Centre s'est installé dans la chapelle des mariages de l'église Notre-Dame-de-Jacques-Cartier. Le nom du Centre s'inspire de la provenance de ses membres, dont : Centre canadien d'étude et de coopération internationale (bureau de Québec), Regroupement des organismes communautaires région 03,

*Église Saint-Roch, Québec (photo Marc Robitaille, Centre de production multimédia, Université Laval).*

Mouvement personnes d'abord, paroisse Notre-Dame-de-Jacques-Cartier. Cette initiative a changé la situation financière de la paroisse Notre-Dame-de-Jacques-Cartier qui, jusqu'en 1996, avait un déficit annuel récurrent de quinze mille dollars. Elle permettra d'atteindre cette année l'équilibre budgétaire et de générer, en 1998, un surplus évalué à cinq mille dollars.

Une étude de faisabilité est actuellement en cours en vue de créer un centre de documentation pour les entreprises et les organisations collectives d'économie sociale et pour les groupes communautaires. Ce centre de documentation sera installé dans une galerie de la nef de l'église Notre-Dame-de-Jacques-Cartier. Selon toute vraisemblance, ce nouveau centre, logé dans l'espace occupé jusqu'ici par le culte, ne devrait pas nuire aux célébrations. En plus d'être accessible aux groupes déjà membres du centre, il le sera aussi aux autres groupes qui en feront la demande.

Un projet de centre de pastorale communautaire est à l'étude. Nous avons constaté dernièrement que le presbytère de la paroisse Saint-Roch était sous-utilisé : deux personnes seulement occupent la section réservée aux religieuses qui peut en accueillir douze. La situation est semblable dans la section du presbytère réservée aux prêtres. Nous avons donc élaboré un projet pour adapter la section des religieuses en vue d'y accueillir des entreprises ou des organisations collectives d'économie sociale avec lesquelles nous partageons des intérêts. Nous avons aussi constaté que très peu d'adaptations seraient nécessaires pour accueillir ces groupes. La réalisation de ce projet devrait donc se faire avant la fin de la présente année.

Par ailleurs, nous avons aménagé et développé un lieu de recueillement et de prière : les « hermitages en ville » situés dans le presbytère de la paroisse Saint-Roch.

Nous organisons un festival de musique sacrée dans le cadre des fêtes de l'Action de Grâces. Ce festival, d'une durée de trois jours, deviendra une activité annuelle.

Nous préparons aussi, avec l'Association canine de dressage de Québec, la Fête de Saint-Roch, fête populaire de quartier qui se déroulera dans l'église Saint-Roch, le 16 août 1997. Dans le cadre de cette activité, il y aura bénédiction des chiens pour symboliser le lien qui existait entre Saint-Roch et son chien.

Des activités de toutes sortes sont offertes dans les locaux paroissiaux de Saint-Roch et de Notre-Dame-de-Jacques-Cartier, notamment :

- du 17 au 31 octobre 1996, « Jeûne à relais », qui a précédé le Sommet sur l'économie et l'emploi du Québec ;
- le 30 avril, « Vigile de la fiscalité » dans l'église Notre-Dame-de-Jacques-Cartier ;
- le « Cinquième salon des groupes communautaires » qui a attiré cinquante-cinq exposants et environ deux mille visiteurs ;
- l'instauration d'une cuisine collective ;
- le cours de couture pour femmes immigrantes ;
- une trentaine de concerts offerts chaque année dans la nef de l'église Saint-Roch.

## Mettre en valeur le patrimoine architectural, c'est affirmer sa volonté de bâtir

Toute cette réflexion sur la problématique de la conservation du patrimoine d'Église, ainsi que le fait que la Fabrique de la paroisse Saint-Roch (comme celles d'autres paroisses) devait trouver des solutions plus globales, moins locales, a donné naissance à la Fondation Saint-Roch de Québec.

La Fondation Saint-Roch a une double mission : le maintien du patrimoine architectural et le soutien aux organisations d'économie sociale. Le territoire

*Église Notre-Dame-de-Jacques-Cartier, Québec (photo Renée Méthot, Centre de production multimédia, Université Laval).*

d'intervention de la Fondation est situé au cœur de la ville et composé des quartiers centraux. En ce sens, la Fondation Saint-Roch incite chacun des partenaires du milieu — paroissial, communautaire ou collectif — à se tourner vers son entourage immédiat et à développer, en partenariat avec lui, des projets structurants pour les personnes et les organisations.

## Initiatives soutenues par la Fondation Saint-Roch de Québec

La Fondation Saint-Roch de Québec organise le tirage de la Fondation Richelieu Internationale dans la grande région de Québec, de juillet à janvier. Le quartier général de cette organisation est situé dans les locaux du centre communautaire Monseigneur-Marcoux à Limoilou.

De plus, la Fondation Saint-Roch a ouvert une boutique de produits monastiques dans la tour du clocher de l'église Saint-Roch, ce qui est peut-être une première en Amérique du Nord. Cette initiative, en plus de rentabiliser des locaux inoccupés, procurera quelques emplois directs et indirects, tout en assurant un débouché commercial unique dans la région de Québec pour les produits qui y sont vendus. Elle contribuera en outre à développer le tourisme religieux au centre-ville de Québec et dans la région. Le succès est tel que, seulement quelques semaines après son ouverture, le magasin faisait déjà ses frais, alors que la mise en marché et la publicité n'avaient pas encore commencé.

Par ailleurs, *Les Biscuits Leclerc* ont fabriqué gracieusement et lancé la « Galette de Saint-Roch » au profit de la Fondation Saint-Roch de Québec. Une première commande de quinze mille biscuits vient à peine d'être livrée. Cette galette sera distribuée dans notre boutique, dans les paroisses des quartiers centraux de Québec, dans les communautés religieuses et dans des magasins d'articles religieux de la région.

La fondation a réservé une loge dans l'église Saint-Roch pour divers événements tels les concerts. Cette loge servira aux amis de la Fondation, en plus de rendre ce genre d'événements accessibles aux habitants de la paroisse qui ne pourraient se les offrir.

Bien sûr, ces tentatives de solutions ne peuvent pas forcément être transposées. Cependant, elles apportent des pistes originales de solutions au problème de valorisation du patrimoine. Par exemple, un projet d'étude est en cours pour vérifier la faisabilité d'un plan d'épargne « mutualisé » qui aiderait à financer le maintien du patrimoine architectural religieux. Ce plan d'épargne aurait pour mission de gérer les investissements des mutualistes et les subventions qui seraient négociées en leur nom. Nous avons aussi envisagé d'y investir les placements des paroisses. Un rendement de type « parts permanentes » du Mouvement des caisses populaires Desjardins serait consenti aux investisseurs. Le plan d'épargne aurait ainsi une masse critique de capitaux rapidement disponibles. Deux conditions seraient éventuellement nécessaires pour qu'une paroisse puisse devenir membre de la mutuelle :

- une évaluation de ses travaux de rénovation par des spécialistes ;
- l'établissement d'un calendrier de réalisation en fonction de l'urgence des rénovations, ajusté aux budgets nécessaires et aux moyens financiers.

L'évaluation de la participation financière de chaque paroisse serait établie en fonction de l'évaluation des travaux et du calendrier de réalisation, échelonné sur vingt ans. La participation financière serait annualisée en intégrant les frais d'administration et les frais financiers. En somme, beaucoup d'hypothèses et d'idées qui demandent à être validées par des spécialistes.

Le conseil des fiduciaires est composé de personnes qui ont été invitées en fonction de leur engagement. Pour la première fois à Québec, des gens d'affaires, des personnes de toutes confessions et des ecclésiastiques se regroupent sous une même bannière pour accomplir une mission essentielle au mieux-être de la communauté.

La réalisation de certains projets soulève divers problèmes. D'une part, la taxation des entreprises et des immeubles d'utilité collective crée une pression indue sur les organisations qui les occupent, ce qui peut leur causer de sérieuses difficultés financières. Je pense qu'il est inutile de taxer les églises, les centres communautaires et les immeubles d'utilité collective. La Ville de Québec a d'ailleurs clairement manifesté ses intentions en ce sens en modifiant sa réglementation. Cette modification permet à toutes les fabriques du territoire de la ville de Québec d'exploiter un comptoir de vente au profit d'une fondation, tout comme cela se fait dans les hôpitaux.

D'autre part, il faut s'ajuster à certaines réglementations. À ce chapitre, soulignons que certains projets peuvent difficilement se conformer aux normes du Code du bâtiment. Prenons l'exemple du presbytère de la paroisse Saint-Roch. Un projet est actuellement à l'étude pour y installer un centre de pastorale communautaire. Pour ce faire, certains réaménagements seront nécessaires. Il semble que, pour respecter les normes du Code du bâtiment, il faudrait éventuellement construire un escalier avec cloisons et portes qui résistent au feu. Ces normes, si elles étaient appliquées à la lettre, affecteraient la qualité du patrimoine architectural. Il faudrait ajouter une catégorie au Code pour tout ce qui concerne le patrimoine. D'ailleurs, le rapport-synthèse d'une étude du Service de l'urbanisme de la Ville de Québec, préparée par Lucie K. Morisset et Luc Noppen, abonde en ce sens : « Il est impératif que la ville assouplisse les réglementations pertinentes afin d'adapter celles-ci au patrimoine d'un centre-ville culturel, qui n'est pas un arrondissement historique »[1].

Pour ce qui est de l'application des décrets qui régissent les conditions de travail des différents corps de métiers, une entente a été conclue avec la Coopérative d'entretien ménager Fleurie. Ainsi, lorsque des travaux doivent être exécutés dans les locaux de la paroisse Saint-Roch, la coopérative ne sera pas tenue de rémunérer ses employés en situation d'insertion aux conditions du décret. Ce partenariat prévoit que la Fabrique de la paroisse Saint-Roch fasse appel à la Coopérative d'entretien ménager Fleurie pour assurer la sécurité des locaux durant les concerts, les événements spéciaux et les autres activités. En outre, ce partenariat permettra à des jeunes du quartier, qui sont sans emploi depuis plusieurs années, d'acquérir de nouvelles habitudes de travail et des compétences professionnelles.

Voilà un bel exemple d'assouplissement de réglementations au profit de la conservation du patrimoine collectif.

En posant les problèmes autrement, en nous appuyant sur l'imagination et le dynamisme du milieu et en travaillant en relation étroite avec les groupes communautaires, il est possible d'innover et de trouver de nouvelles solutions qui permettent le maintien et la valorisation du patrimoine d'Église tout en mettant ces richesses collectives au service de la population.

## Notes

1 Luc Noppen et Lucie K. Morisset (1996), *Rapport de synthèse. Patrimoine du quartier Saint-Roch*. Québec, Service de l'urbanisme.

# Le *Cleveland Restoration Society's Sacred Landmarks Assistance Program*

Kathleen Hackman Crowther
Executive Director
Cleveland Restoration Society
Cleveland (Ohio)

Au Canada et aux États-Unis, l'exode de la population des centres-villes vers des quartiers plus jeunes représente la plus grande menace à la survie des monuments cultuels, toutes confessions confondues. Sans l'appui indéfectible des fidèles qui vivent à proximité, la probabilité de survie d'une église historique diminue considérablement. La détermination du milieu demeure la clé de la survie d'un bâtiment. En effet, sans cette volonté essentielle — tant individuelle que collective — le patrimoine religieux en Amérique du Nord se perdra de façon graduelle et irrémédiable. On me demande s'il est possible de traiter la survie des lieux de culte à la pièce ou s'il est préférable d'envisager la concertation et la planification. Je réponds avec empressement « toutes ces réponses sont bonnes ! »

## L'importance du « cas par cas »

Puisqu'il ne tire pas profit de l'expérience des autres, le fait de régler les problèmes à la pièce peut, de prime abord, sembler trop circonscrit et sans envergure. Pourtant, la conservation historique est réalisée « cas par cas ». Il faut absolument traiter les édifices un à un. Ceux qui s'intéressent à la conservation des bâtiments religieux historiques aimeraient évidemment voir des groupes confessionnels mener des études de planification stratégique qui courraient la chance d'aboutir à un plus grand engagement envers les structures urbaines et historiques, en raison de leur grande valeur culturelle ou de leur rôle dans la stabilité du milieu. Dans les faits, les biens d'Église sont administrés par une communauté en particulier qui, bien souvent, en est propriétaire et tient son destin entre ses mains. Une assemblée de fidèles dévouée et puissante reste la meilleure façon d'assurer la conservation d'une église historique.

Un autre élément essentiel à la conservation d'une église menacée est le leadership communautaire. Tous les autres éléments revêtent la même importance, mais les communautés qui comptent de surcroît sur l'engagement individuel — fidèles et clergé — obtiendront davantage de succès à long terme. Les instances gouvernementales et les organismes sans but lucratif qui ont les ressources nécessaires pour venir en aide aux propriétaires de biens classés monuments historiques doivent évaluer la capacité de la communauté à réaliser ses projets. En d'autres termes, il y a beaucoup de possibilités de collaboration et, puisqu'il est impossible de rejoindre chaque communauté et d'emménager dans son milieu, il faut se fier entièrement à la motivation de ses membres pour obtenir des changements concrets. Mus par une foi profonde et un engagement communautaire, les groupes qui acceptent le défi de voir leurs biens transférés à une régie publique ont de grandes chances de réussite. À l'inverse, les communautés sans vigueur ni idéologie sont vouées à l'échec.

## LA COLLABORATION ET LE RÔLE DES ORGANISMES D'AIDE SANS BUT LUCRATIF

En l'absence de droits de propriété publique de chaque église historique, les maires, les spécialistes en matière de patrimoine et les activistes communautaires ont un grand rôle à jouer en ce qui concerne les problèmes de régie des monuments historiques. L'opposition verbale à la démolition d'églises historiques peut faire d'extraordinaires manchettes dans les journaux, mais, habituellement, c'est bien insuffisant pour régler les problèmes réels des petites communautés pour qui les grands édifices ne sont plus du tout appropriés. Parmi ces problèmes, notons le très mauvais état des bâtiments, le manque de leadership congrégationnel et le manque, réel ou senti, de ressources financières. En fait, les grands titres des journaux risquent souvent de rompre des relations avec les entités mêmes qui pourraient sauvegarder nos chers monuments historiques.

Aux États-Unis, nous avons commencé à utiliser avantageusement un instrument important, c'est-à-dire la collaboration étroite entre les communautés religieuses et les parties intéressées, sans affiliation directe avec la communauté. Rappelons que chez nous, il y a un tel fossé entre l'Église et l'État que ce dernier ne finance jamais les programmes de conservation du patrimoine religieux. Nous avons donc été forcés de développer des collaborations et des accords astucieux afin que les parties intéressées — sans affiliation directe avec la communauté — puissent jouer un rôle de premier plan dans la conservation de notre patrimoine religieux collectif.

Plus la communauté urbaine est petite et instable financièrement, plus l'aide prodiguée par des organismes locaux de conservation et des sociétés de développement communautaire peut avoir une influence positive sur les efforts de conservation des biens historiques. Les organismes locaux de conservation ont souvent les connaissances techniques requises pour réparer, entretenir et régir les édifices selon les règles de l'art. Lorsqu'elles sont mises à sa disposition, ces connaissances peuvent parfois être la réponse aux prières d'une communauté dont l'église est menacée. Les communautés urbaines possèdent rarement les ressources requises et plusieurs ont vécu de mauvaises expériences avec des entrepreneurs en construction. En effet, les communautés religieuses sont souvent victimes

*Church of the Immaculate Conception, Cleveland (photo Cleveland Restoration Society).*

d'entrepreneurs sans scrupules qui effectuent des travaux inférieurs aux normes. Une assistance technique pratique, fiable et impartiale, prodiguée par un organisme local de conservation, peut revêtir une importance primordiale et économiser temps et argent à la communauté.

Les sociétés de développement communautaire peuvent également devenir partenaires dans un projet de collaboration. Ces sociétés sont habituellement bien conscientes des besoins généraux de la communauté et peuvent avoir accès à des sources de financement non traditionnelles. De plus, les connaissances en matière de gestion d'immeubles d'un promoteur chevronné, qui agit au sein d'un organisme sans but lucratif, peuvent influencer certaines questions pratiques concernant l'édifice, notamment les réparations mécaniques, l'utilisation des dépendances pour des activités communautaires, les campagnes de souscription et les économies d'énergie. Quand ces organismes entretiennent des liens étroits avec les leaders de la communauté, des contacts personnels inestimables peuvent ouvrir de nouvelles avenues de résolution de problèmes.

À Cleveland, l'organisme local de conservation des monuments historiques, la *Cleveland Restoration Society* (CRS), offre un programme d'aide au patrimoine religieux à l'intention des régisseurs de bâtiments cultuels historiques. En plus d'offrir un service de recherches limitées, ce programme en est essentiellement un d'assistance technique et d'éducation populaire. La CRS, dont le budget de fonctionnement annuel est de quatre cent mille dollars, compte quatre professionnels et demi à plein temps. Le budget alloué au programme de conservation du patrimoine religieux est de quatre-vingt-treize mille sept cents dollars, dont cinquante-cinq pour cent en salaires. Bien qu'il soit petit dans le monde des organismes sans but lucratif, c'est l'organisme local de conservation le plus important de l'état de l'Ohio. La CRS a pris la décision organisationnelle stratégique de concentrer ses énergies à la conservation résidentielle du milieu et à la conservation du patrimoine religieux. Avec ses cent soixante-dix projets évalués à trois millions quatre cent mille dollars au cours des cinq dernières années, le *Neighborhood Historic Preservation Program* du CRS est l'un des plus actifs du pays. Cette année, il devra superviser environ trente projets de construction résidentielle.

En 1993, de concert avec un partenaire national, *Partners for Sacred Places*, la CRS a instauré un programme d'aide à la conservation du patrimoine religieux. Depuis 1995, elle a fourni une aide technique directe à dix-neuf communautés du centre-ville. Ce genre d'assistance technique présuppose une série de visites sur le terrain afin de diagnostiquer les problèmes du bâtiment et d'offrir des solutions de conservation acceptables. Son aide est limitée et se veut un point de départ plutôt qu'un « rapport des structures historiques » détaillé ou une « enquête de l'état actuel » qui exigerait une recherche plus approfondie et une expertise technique qu'il est présentement impossible d'offrir. En dépit de son caractère de guide préliminaire, l'information donnée aux communautés est souvent extrêmement valable. En effet, dans la ville de Cleveland, certaines paroisses sont très pauvres et peuvent difficilement s'offrir des architectes et des ingénieurs professionnels ou des entrepreneurs réputés. Ainsi, la CRS leur prodigue souvent l'aide la plus complète et impartiale qu'ils n'aient jamais reçue. Le programme offre également d'autres services, notamment, le centre de documentation et de distribution du *Sacred Landmarks Resource Center*, des ateliers d'information sur des questions pratiques comme la souscription, les contrats et les entrepreneurs ou les visites dominicales axées sur la sensibilisation de la communauté.

En raison du très haut niveau d'aide technique requis pour diagnostiquer les problèmes d'un édifice, la CRS prend les dispositions nécessaires pour offrir ce programme à toute la région ; c'est donc dire qu'elle offrira ses services aux communautés suburbaines de Cleveland. Par ailleurs, elle a pris entente pour offrir ce même programme à Akron, petite ville située au sud de Cleveland. Comme elle n'était pas très familière avec les propriétés de la ville d'Akron, elle a obtenu une subvention pour en étudier les structures ainsi que celles de la région périphérique du Summit County. Elle évalue présentement les matériaux de construction et relève les conditions extérieures des propriétés. À la fin de son enquête, elle aura étudié au-delà de quatre cents structures et le rapport final de l'étude en détaillera de quarante à soixante. Ces édifices constitueront la « base clients » pour élaborer les programmes destinés à cette région du nord-est de l'Ohio. Une fondation d'Akron a octroyé une subvention de vingt mille dollars pour la réalisation de ce projet.

L'un des aspects les plus utiles du programme s'est révélé le grand appui reçu d'un comité sur le patrimoine religieux de la *Cleveland Restoration Society*. Ce comité composé de vingt personnes de diverses disciplines (architecture, milieu académique, domaine de la construction, droit et affaires) compte également sur la participation très active de membres du clergé. En dispensant généreusement leur expertise professionnelle, les membres du comité compensent amplement le peu de ressources humaines. Par exemple, sept architectes spécialistes de la conservation historique effectuent des visites sur le terrain et évaluent des édifices pour la CRS. Des experts-conseils en souscription organisent d'excellents ateliers sur cet aspect très important. Des propriétaires d'entreprises réputées du domaine de la construction partagent, avec les comités d'églises, des renseignements fort utiles concernant les contrats et les entrepreneurs afin de les aider à traiter avec les différents métiers de la construction. En outre, des cadres d'entreprises, bien au fait des affaires de la communauté en général, organisent des activités de bienfaisance spéciales visant à recruter amis et argent pour le programme.

À titre de directeur exécutif du *Sacred Landmarks Assistance Program*, j'ai la responsabilité de la gestion générale du programme et, plus spécifiquement, de son financement. Au cours des quatre dernières années, nous avons recruté cinq nouveaux investisseurs. Aux États-Unis, la religion est le plus grand bénéficiaire des fonds de bienfaisance. Bien que nous soyons un organisme laïc d'esprit non-confessionnel, nous recevons d'importants appuis de fondations religieuses car il est souvent plus facile pour certaines d'entre elles d'appuyer un organisme-cadre comme le nôtre plutôt qu'une communauté en particulier.

## Les liens avec les communautés religieuses

L'une des démarches importantes de notre organisme fut la création de liens étroits avec les confessions qui sont propriétaires de monuments cultuels historiques. Aux États-Unis, de vieilles mésententes entre les « conservationnistes » et les grandes religions organisées font les grands titres et aident à vendre des journaux. Cependant, ces « batailles » peuvent nuire sérieusement à l'établissement de collaborations concrètes. Il y a plusieurs années déjà, nous avons décidé que notre organisme construirait des ponts plutôt que de les brûler. Ainsi, nous avons invité le clergé à devenir membre de notre Conseil d'administration ainsi que du *Sacred Landmarks Committee*. En période de grande visibilité, par exemple lors de notre repas communautaire qui attire plus de cinq cents personnes, nous demandons à un leader religieux de prononcer une invocation non-confessionnelle. Le signal est ainsi donné à la communauté que la *Cleveland Restoration Society* respecte le rôle que les institutions religieuses jouent dans la vie de la ville.

Conformément à notre priorité organisationnelle de créer des liens étroits avec les différentes confessions, nous entretenons de très bonnes relations avec le diocèse catholique de Cleveland (propriétaire du plus grand nombre de biens susceptibles d'être classés monuments historiques dans la ville). Ces relations avec le diocèse exigent que nous — organisme local de conservation — soyons sensibles à ses besoins et à ses perspectives. Parallèlement, je peux humblement ajouter que le diocèse est un peu mieux sensibilisé à l'importance culturelle des édifices.

Cleveland a la chance de pouvoir compter sur un diocèse bien géré qui, de surcroît, s'intéresse sincèrement au centre-ville où s'élèvent plusieurs églises historiques. Le Très Révérend Anthony M. Pilla, dans son allocution pastorale *The Church in the City* ou « l'Église dans la ville », a encouragé la communauté catholique à accorder une aide préférentielle aux centres-villes. Dans sa description de l'exode de la classe moyenne de Cleveland vers la banlieue, l'évêque a souligné que les catholiques ont une obligation morale envers les décisions concernant l'aménagement du territoire puisque ces dernières influencent, entre autres, les investissements de nos ancêtres dans la ville. Sœur Rita Mary Harwood, également conférencière à ce colloque, a mis en œuvre une série d'actions ambitieuses destinées à s'acquitter de cette obligation. Par le biais du leadership du diocèse catholique, d'autres organismes religieux envisagent des actions similaires.

Le leadership du diocèse catholique de Cleveland sur la question de l'étalement urbain est de plus en plus reconnu aux États-Unis et, grâce à ce colloque, il le sera aussi au Canada. En notre qualité d'organisme local de conservation, nous appuyons entièrement cet « appel à l'action » pour des changements de politiques gouvernementales afin de modifier le zonage dévastateur et l'investissement irrationnel de milliards de dollars dans la construction de nouvelles routes en dehors des centres-villes traditionnels, aux dépens de l'entretien des infrastructures existantes. Notre patrimoine cultuel collectif de monuments historiques, ici au Canada comme aux États-Unis, est représenté dans l'infrastructure même des édifices. Il est de notre responsabilité de travailler à des politiques gouvernementales rationnelles qui visent à protéger nos investissements dans les villes-centres.

*Church of The Convenant, Cleveland (photo Cleveland Restoration Society).*

# Rapport de l'atelier I : l'économie

Christiane Demers
Chargée de recherches
CÉLAT, Université Laval

## Les Églises et les lieux de culte : les ressources et la conjoncture économique

L'atelier I, sur l'économie, s'est déroulé en trois temps :

- d'abord par une mise en perspective de Guy Mercier, animateur de l'atelier, en regard de l'objet du colloque, la conservation des églises dans les villes-centres et par la présentation des conférenciers ;

- ensuite, par les exposés des deux conférenciers, Michel Soucy, de la société coopérative Pythagore, de Québec, et Kathleen H. Crowther, de la *Cleveland Restoration Society* de Cleveland (Ohio) ;

- enfin, par les commentaires et les questions des participants et les échanges avec les conférenciers.

Selon Guy Mercier, spécialiste en géographie urbaine qui mène depuis quelques années une étude sur les quartiers centraux de la ville de Québec, les églises ont de multiples valeurs selon qu'on les considère de divers points de vue :

- valeur religieuse : culte

- valeur historique : patrimoine

- valeur sociale : différents usages

- valeur urbaine : forme architecturale dans le paysage urbain

- valeur économique : revenus et (hélas !) dépenses.

Toutes ces valeurs sont des raisons de les conserver, et non pas seulement pour des motifs liés à la pratique religieuse. Cependant, la diminution de cette pratique n'est pas sans incidence. Il faut donc trouver de nouvelles formules pour réussir la réorganisation du soutien économique des églises, particulièrement des bâtiments situés dans les quartiers centraux des villes-centres. Trois types de formules s'offrent actuellement en rapport avec les usages choisis : la « réaffectation » complète, la cohabitation, enfin la gestion ou l'administration des bâtiments.

Pour faire état concrètement de ces questions et des pistes de solution, deux expériences en cours, présentées l'une par Michel Soucy, homme de terrain, militant de groupes communautaires québécois et administrateur de la Fabrique de Saint-Roch de Québec, l'autre par Kathleen H. Crowther, femme d'action engagée, à titre de *Executive Director* de la *Cleveland Restoration Society*, dans un programme d'aide à la conservation du patrimoine religieux de Cleveland, en Ohio.

On reconnaît à l'évidence, aussi bien en terre québécoise qu'en sol américain, que le dépeuplement des quartiers, en particulier des quartiers centraux, joint à la désaffection de la pratique religieuse entraîne des difficultés économiques importantes mais non insurmontables. Cela, toutefois, à certaines conditions. En effet, que l'on puisse compter sur l'aide financière publique, gouvernementale, comme c'est le cas au Québec, ou, au contraire, seulement sur des sources de fonds privées, comme aux États-Unis où la séparation de l'Église et de l'État est complète, un des facteurs essentiels, sinon le facteur clé, qui réside à la base des différentes pistes de solution, c'est l'attitude de vitalité, de détermination, de dynamisme, d'imagination et d'ouverture des collectivités paroissiales. Cette volonté d'action, ce « volontarisme » est un atout majeur, voire un gage de réussite. L'élément déterminant repose donc entre les mains des collectivités mêmes.

L'expérience de la paroisse Saint-Roch et celle de Notre-Dame-de-Jacques-Cartier, à la Basse-Ville de Québec, relatées par Michel Soucy, font état de nombreuses initiatives qui sont en voie de changer et de rétablir la situation financière de la paroisse. Grâce à une foule d'activités (en vue de multiplier la vocation de l'église), liées, d'une part, à un changement d'usage des locaux orienté vers l'aide, les services à la population et la collaboration communautaires, et liées, d'autre part, aux modes de gestion de la fabrique, axés sur la « redynamisation » et la recherche de partenaires proches de ses préoccupations, cette paroisse a donc amorcé un redressement prometteur. Mais ce n'est pas suffisant ; il y a des obstacles à aplanir qui requièrent l'action du gouvernement, notamment en ce qui concerne la taxation, les exigences du Code du bâtiment et la réglementation des conditions de travail.

À Cleveland, en Ohio, comme l'a exposé Kathleen H. Crowther, l'action repose entièrement sur l'esprit d'entreprise, le dynamisme et la conviction du milieu paroissial, puisque, en raison de la séparation de l'Église et de l'État, les gouvernements américains ne financent jamais les programmes de conservation du patrimoine religieux. D'où l'importance de bien choisir les communautés auxquelles on apportera de l'aide en fonction des qualités de motivation, de leadership paroissial et d'ouverture à la collaboration et à la création de liens de partenariat avec des organismes ou des groupes tant laïques que religieux et sans sectarisme confessionnel. La collaboration avec des organismes locaux de conservation, telle la *Cleveland Restoration Society* (CRS), et des sociétés de développement communautaire, sans but lucratif, constitue une ressource précieuse. En effet, la CRS contribue à informer, à sensibiliser, à former, à rassembler le noyau central de ses interventions qui réside dans l'aide technique impartiale qu'elle offre au point de départ de tout le programme d'assistance.

Dans les deux cas, comme le souligne l'animateur de l'atelier, Guy Mercier, on remarque le rôle primordial, essentiel même, joué par le « volontarisme » d'une collectivité qui s'engage, se prend en main et s'ouvre à des solutions variées et parfois nouvelles. Selon lui, des pistes de solutions se dégagent selon trois grandes sources d'interventions : 1) les pouvoirs publics de tous les niveaux, tant central que local (subventions, mesures incitatives, fiscales ou autres, diffusion de l'information et de l'expertise, création d'une culture de la conservation des églises, etc. ; 2) le secteur privé (dons, mécénat, loteries, parrainage, par exemple) convaincu d'agir par la vitalité et le sens de l'entreprise du milieu paroissial ; 3) les églises elles-mêmes (diversification des usages, mécanismes de production de revenus, exploitation du capital foncier et immobilier). Mais planifier la transition qui s'annonce exige une réelle concertation de toutes les parties intéressées.

Les participants font ressortir l'importance de sensibiliser, d'« éduquer », d'informer la population et les collectivités paroissiales en particulier. Veut-on conserver les églises, à quel prix, à quelles fins, avec l'aide de qui ? Peut-on, veut-on concilier pierres et âmes ? Diverses précisions et suggestions sont apportées :

- Le Code du bâtiment canadien permet des interprétations en ce qui concerne les immeubles qui ne sont pas neufs.
- Dans l'Église catholique, les diocèses ne sont pas propriétaires des églises ; ce sont les fabriques, et, en vertu de la Loi sur les fabriques, c'est à elles de prendre les décisions, non à l'évêché.
- L'Église n'a pas de pouvoir de taxation ; seuls les fidèles pratiquants contribuent à l'entretien des biens, tels les centres sportifs, contrairement à d'autres types de bâtiments érigés par les pouvoirs publics, mais destinés à une partie seulement de la population.
- La valeur artistique des églises ne doit pas être oubliée ; l'héritage légué par les grands maîtres artisans doit être préservé et partagé.
- En matière de recherche de partenaires, un premier parrainage semble tout indiqué : celui des Caisses populaires Desjardins, puisque ce sont les paroisses qui leur ont en quelque sorte donné naissance.
- Pour que les solutions et les collaborations les plus judicieuses soient appliquées, il importe que les problèmes soient discutés ouvertement, à l'avance, et

non pas dévoilés *in extremis* lorsque les décisions sont déjà prises et les conséquences irréversibles.

- Il faut convenir que c'est une chance d'avoir de l'aide des fonds publics, notamment pour la Fondation du patrimoine religieux du Québec. Mais il serait souhaitable d'orienter un peu plus les investissements vers l'expertise. Bien préparer et bien planifier les chantiers contribuerait même à faire baisser les coûts. La Fondation pourrait, par exemple, créer un service de prévention.
- Dans l'appréhension des églises, de leur valeur, de leur vocation, n'y a-t-il pas souvent confusion entre lieux de culte et lieux de culture ?

En somme, on reconnaît que la vitalité de la cellule paroissiale, gage de l'efficacité de son action, est le fondement de toute solution économique au problème de la conservation des églises dans les villes-centres. Toutefois, le volontarisme des collectivités de la base a besoin des effets multiplicateurs de l'action conjuguée des secteurs public, privé, religieux et communautaire.

L'aide financière de l'État à la conservation du patrimoine religieux doit être maintenue, mais il faudrait mettre l'accent sur l'assistance en amont : expertise technique, évaluation, information, services-conseils. De plus, il est impératif d'assouplir, d'adapter la réglementation en matière de taxation, de construction et de relations du travail. Il importe d'encourager, de faciliter l'établissement de « ponts », la collaboration, le partenariat entre gens d'Église, d'État, du milieu municipal, du secteur privé et des groupes communautaires en vue d'une plus grande concertation pour une action planifiée plus efficace.

# ATELIER II : LE PATRIMOINE

## LA CONSERVATION DES ÉGLISES : QUALITÉS ET EXIGENCES DU PATRIMOINE RELIGIEUX

PRÉSIDENT ET ANIMATEUR : GUY MERCIER
Professeur au Département de géographie
Chercheur au CÉLAT
Université Laval

Peut-on conserver toutes les églises ? Sinon, comment choisir celles qui méritent d'être sauvées ? Jusqu'où peut-on aller dans la transformation d'une église avant que celle-ci ne perde son caractère religieux et patrimonial ? La conservation du patrimoine religieux doit-elle être assurée par des groupes religieux ou les églises sont-elles des biens à laïciser ?

# Un patrimoine en question ?

Luc Noppen
Professeur à l'École d'architecture
Chercheur au CÉLAT, Université Laval

Dans cet atelier, je me permettrai de poser quelques questions qui explorent la dimension « patrimoine » du thème de ce colloque sur les églises des villes-centres.

## Qu'est ce qui constitue la spécificité des églises au sein du patrimoine architectural religieux ?

En vertu de la Loi sur les biens culturels, le Québec a déjà classé un certain nombre d'églises, offrant par là un statut de protection juridique à ces bâtiments. Sur cette liste on trouve par exemple, côte à côte, l'église de Saint-Pierre de l'Île d'Orléans, l'église Notre-Dame-des-Victoires, l'église de la Visitation du Sault-au-Récollet et la basilique-cathédrale Notre-Dame de Québec. Si tous s'entendent pour dire qu'il s'agit d'églises, on note cependant un certain nombre de différences entre ces monuments, même s'ils semblent d'emblée appartenir à la même catégorie. Saint-Pierre de l'Île d'Orléans est une église désaffectée, conservée presque vide comme un monument un peu déconnecté de son histoire ; l'église Notre-Dame-des-Victoires est toujours un lieu de culte, mais son achalandage est nettement le fait d'une mise en tourisme bien orchestrée, au milieu de la Place Royale. L'église du Sault-au-Récollet est un vénérable monument, un chef-d'œuvre de l'art ancien du Québec ; c'est aussi un édifice assez peu connu des touristes, mais en revanche inscrit dans une vie paroissiale active. Puis, la basilique-cathédrale de Québec, monument récent — le bâtiment date des années 1920, ayant été reconstruit après un incendie majeur — évoque une histoire très longue à travers une sorte de reproduction d'un original disparu. Le monument est malgré tout devenu un spectacle et l'horaire des messes y est peu visible.

Tout ceci permet de dire qu'il y a des monuments qui servent encore comme lieux de culte et d'autres qui en portent la mémoire ; leur usage est, disons, tantôt davantage cultuel, tantôt davantage culturel. Chose évidente : ce n'est pas l'usage comme lieu de culte, pas plus que la matière ancienne qui font le monument-église ; c'est plutôt « l'apparence d'église » qui définit un monument d'essence religieuse. Et cette « apparence d'église » est portée par une figure bien caractéristique, doublée d'une occupation (d'une fonction) compatible avec sa lecture en ce sens. Dans cette voie, l'on dira que le meilleur usage pour un monument-église est le lieu de culte. Tous conviennent cependant qu'une église peut devenir

*La basilique Notre-Dame de Québec dans son paysage touristique (photo Marc Robitaille, Centre de production multimédia, Université Laval).*

salle de concert et bibliothèque. Pourquoi ? Parce que ces deux usages, imposés par reconversion, permettent de garantir la pérennité du lieu, parce qu'ils maintiennent la volumétrie d'ensemble (façade, clocher, nef, chevet), la hiérarchie des espaces intérieurs (nef, chœur) et un ensemble de dispositions particulières qui rendent le lieu culturellement reconnaissable (bancs, vitraux, orgue). En fait, on constate à l'usage qu'une église qui perd son clocher, ses bancs, ses vitraux, dont on cloisonne la nef, etc., ne survit pas longtemps dans l'imaginaire collectif sous le vocable église, élément principal de la catégorie « patrimoine religieux ».

Si donc un monument-église n'est reconnu comme tel que lorsqu'il est à peu près intégralement conservé, la conservation du patrimoine religieux passe par le choix d'un certain nombre de bâtiments qui ont un potentiel monumental dans cette catégorie. Au terme de la désaffectation des lieux de culte à laquelle on assiste ces jours-ci, on trouvera donc un groupe d'édifices qui formeront la partie « églises » du patrimoine religieux du Québec et un autre groupe de bâtiments qui, par reconversion et traitement architectural conséquents, rejoindront le stock des immeubles civils dont les qualités seront perçues à l'extérieur de la catégorie du patrimoine architectural religieux.

## Comment constituer ce patrimoine ?

Dans l'étude que nous avons menée en 1994, sur les lieux de culte situés sur le territoire de la ville de Québec[1], nous avons proposé une méthodologie d'analyse du potentiel monumental des églises fondée sur la connaissance et la reconnaissance de valeurs monumentales[2]. Il s'agissait tout simplement d'une mise à jour des critères proposés par Aloïs Riegl[3] dans *Le culte moderne des monuments*, ouvrage publié en 1903. L'intérêt de notre approche, pensons-nous, est qu'elle reconnaît que la notoriété qui résulte d'une reconnaissance (par l'opinion publique — on parle alors d'un monument de fait — ou par le législateur — auquel cas on trouvera le monument « classé ») est le fait de qualifications et non pas de qualités « intrinsèques », comme on le dit encore trop souvent dans une vision positiviste — et déjà fort ancienne — des savoirs. Pour nous, l'évaluation des bâtiments se fonde sur leur valeur d'âge, leur valeur d'art, leur valeur d'usage, leur valeur de matérialité et leur valeur de position. Cette évaluation, rappelons-le, est fondée sur « l'air de notre temps » puisque c'est nous qui évaluons, et c'est à partir de notre point de vue et de notre époque que nous consacrons les monuments. Ce n'est pas le lieu ici pour exposer en détail notre méthodologie ; disons simplement qu'il s'agit de constater que l'on ne peut construire un monument sans une large adhésion de l'opinion. Nous savons tous que le classement d'un bâtiment par le ministère de la Culture et des Communications n'est pas une garantie de sa survie, pas plus d'ailleurs — on l'a constaté encore récemment à Montréal lors de la démolition du couvent Saint-Isidore, monument cité par la Ville — que la citation d'un bâtiment par une municipalité ne permet d'empêcher sa démolition. De tristes expériences de ce genre nous permettent même de conclure qu'à trop vouloir conserver l'on risque de tout perdre.

Constituer un corpus du patrimoine religieux est donc une opération qui requiert une large sensibilisation de l'opinion publique. C'est cette opinion qui guidera les élus dans la détermination des choix entre, par exemple, des monuments, mais aussi des choix de société, entre des églises et des couvents ou des routes et des ponts.

Parlant de choix de société, il faut dire ici qu'il est insidieux d'affirmer que l'on n'a pas les moyens de conserver des églises alors qu'on ferme des hôpitaux et que des démunis appellent à l'aide. Conserver le patrimoine est une opération d'infrastructure qui requiert des investissements en capital, financés à long terme. Il n'y a que la matière qu'il faut garantir, puisque l'adhésion des citoyens à leur patrimoine devrait permettre de réduire les frais récurrents d'opération à leur minimum, si bien sûr le monument est supporté par son public. Puis, aussi et surtout, conserver un paysage bâti qui soit culturellement signifiant permet de s'assurer que, dans un avenir prévisible, notre société aura encore un cadre de référence qui lui permettra d'avoir un comportement identitaire et civil. Je

*L'oratoire Saint-Joseph à Montréal (photo Pierre Lahoud).*

m'explique : le paysage construit, porteur de traces, évoque, témoigne d'états de société qui se sont superposés les uns aux autres et qui ont tous contribué à cette évolution, à ces transformations de société qui, sur cette portion de notre planète, ont établi une vie en commun qui nous ressemble. Se défaire de ce paysage ou négliger ses éléments les plus structurants (notamment les églises) permet peut-être quelques économies, mais garantit surtout l'émergence d'un *nowhere* où de cette *tabula rasa* renaîtrait une culture de l'ici-maintenant fort peu consciente des acquis sociaux, par exemple.

Cependant, choisir quelques bâtiments pour les retenir en fonction de leurs valeurs monumentales ou encore — en faisant preuve de vision — en fonction de leur potentiel monumental, c'est-à-dire de leur capacité présumée à devenir monuments, consiste à décréter qu'un certain nombre d'autres bâtiments-églises seront altérés, déconstruits ou tout simplement détruits.

Les critères d'analyse que nous avons proposés suggèrent que certains bâtiments devraient conserver leur figure d'ensemble pour, par exemple, continuer à conforter une trame urbaine, une structure paysagère particulièrement forte ou intéressante. Plusieurs fonctions nouvelles peuvent venir altérer les espaces intérieurs de ces bâtiments ; on aura cependant autant de difficulté à les reconnaître comme monuments du patrimoine religieux que leur image fonctionnelle de lieu de culte se sera atténuée. À titre d'exemple, qui songe à affubler le Panthéon de Paris du titre d'église, même si l'on sait qu'au départ Jacques-Germain Soufflot avait reçu commande de l'ériger comme église Sainte-Geneviève ?

Les églises qui sont à reconvertir, les sites qui sont à reconstruire seront par ailleurs l'occasion d'un renouveau urbain, aussi porteurs de significations pour l'avenir que la conservation des bâtiments les plus excellents. Dans la mesure où la reconversion par rénovation, la déconstruction partielle ou la destruction totale d'une église sont des gestes lourds de conséquences, on est en droit d'exiger des autorités une vigilance sans précédent en ce qui a trait à la qualité des objets de remplacement. Ce serait en effet tout à fait irresponsable qu'un bâtiment familier, de propriété collective, significatif aux yeux de plusieurs, doive céder la place à quelque vague architecture ou ensemble prétentieux, sans souci de pérennité. Il faudrait que tout remplacement d'un édifice jugé désuet et inutilisable soit un exercice doté d'une plus-value urbaine et sociale.

Le nombre important des églises à conserver met en péril l'avenir de toutes les églises, même celui des plus précieuses d'entre elles. Tout en guidant, en informant l'opinion publique sur la nécessité de conserver ces églises — qui sont nos châteaux —, évitons les positions extrêmes qui nous conduiront vers une désaffection (une perte de l'affection) du patrimoine religieux, ce qui est pire que la simple désaffectation des monuments. Les cas français et britanniques peuvent nous consoler : les guerres, la Révolution, les grandes conflagrations ont fait une sélection importante parmi les monuments anciens. Pourtant telle ou telle église perdue dans la tourmente de l'histoire ne semble manquer à l'appel, à Paris ou à Londres. Il nous semble, du moins vu d'ici, que l'héritage religieux qui a été sélectionné là au fil des ans forme un corpus valable qui, dans les paysages concernés, évoque dignement l'histoire et les cultures nationales.

## Comment gérer ce patrimoine ?

Disons d'abord qu'il coule de source que l'État subventionne le patrimoine, puisqu'il s'agit de protéger pour l'avenir des biens collectifs. Mais c'est précisément ce terme de bien collectif qui fait difficulté quand on parle du maintien de lieux de culte qui ne seraient pas des monuments reconnus par la collectivité. La situation actuelle est ambiguë.

D'abord, en vertu de la Loi sur les biens culturels, l'État apporte une aide aux monuments classés antérieurement, qu'ils soient occupés par le culte ou non (ils le sont généralement, sauf exception). Mais, rien n'est prévu pour prendre charge de ces monuments à l'avenir, alors que l'on sait que plusieurs seront bientôt désaffectés comme lieux de culte. Comment gérera-t-on des églises qui ne seraient que des monuments historiques à visiter ?

Par ailleurs, l'État accorde une aide importante à la Fondation du patrimoine religieux du Québec (quarante-cinq millions de dollars, à ce jour). Or cet organisme s'est donné comme mandat de ne s'intéresser qu'aux bâtiments-églises qui demeureraient actifs comme lieux de culte, en développant ses propres critères de sélection (âge, style, etc.).

Enfin, les municipalités sont invitées à s'occuper des églises désaffectées qui ont un potentiel monumental puisque la Loi sur les biens culturels leur permet de citer des monuments historiques et que de toute façon c'est devant l'hôtel de ville qui émettrait un permis de démolition que les citoyens iraient manifester.

Le moins que l'on puisse dire c'est qu'il y a désordre dans l'intervention gouvernementale. Pire, il y a fort à parier que les investissements massifs consentis par l'État le soient à fonds perdus si aucune vision cohérente ne vient les appuyer. Le maintien en bon état d'un lieu de culte est affaire temporaire (la Fondation elle-même pose l'exigence de cinq ans) et ne fait que reporter à plus tard l'échéance d'une décision plus pérenne.

Il est important d'arrimer les effets de la Loi sur les biens culturels et ses dispositions permettant l'engagement des municipalités en matière de patrimoine (la citation, la déclaration de site du patrimoine) et l'action de la Fondation du patrimoine religieux du Québec. La Fondation ne devrait aider que les bâtiments classés ou cités, forçant ainsi le partenariat nécessaire à l'entreprise de conservation et l'arrimage des actions étatiques. L'État n'a pas à subventionner la conservation d'un bâtiment qui ne fait pas l'objet d'une reconnaissance collective, fut-il un lieu de culte.

En marge de ceci, la Fondation devrait aussi s'occuper du transfert vers la société civile des lieux de culte désaffectés, dont plusieurs, avouons-le, ne seront jamais classés ni cités. La mise en vente d'une église, sa reconversion, même sa démolition sont des situations difficiles à gérer : elles sont d'initiative privée, mais d'intérêt public. Or, la Fondation devrait être cette table de concertation entre les communautés qui animent les lieux de culte et la société civile. Dans la situation actuelle, les municipalités sont laissées pour compte dans un dossier qui s'annonce lourd.

## NOTES

1 Noppen, Luc, et Lucie K. Morisset (1994), *Lieux de culte situés sur le territoire de la ville de Québec*, Québec, Ville de Québec (Service de l'urbanisme), 666 p.

2 Cette méthodologie a été précisée et validée dans Noppen, Luc, et Lucie K. Morisset (1997), « De la production des monuments : paradigmes et processus de la reconnaissance », dans Laurier Turgeon, Jocelyn Létourneau et Khadiyatoulah Fall, dir., *Les espaces de l'identité*, Sainte-Foy, Les Presses de l'Université Laval, 1997.

3 Riegl, Aloïs (1984), *Le culte moderne des monuments : son essence et sa genèse*. Paris, Seuil (éd. originale, 1903).

# Trois classes d'églises ?[1]

Jean Simard
Professeur
Département d'histoire, Université Laval

Les fidèles n'étant plus au rendez-vous dominical et les gouvernements se préoccupant surtout de sauver les meubles d'une banqueroute appréhendée, il serait pour le moins téméraire de répondre par l'affirmative à la question posée dans cet atelier : « Peut-on conserver toutes les églises ? ». Pourtant, dans sa plus vaste acception, c'est-à-dire au sens que donne l'ensemble des citoyens à la notion de patrimoine, celui-ci se constitue du capital transmis et enrichi par chacune des générations. Les églises, par la place qu'elles occupent dans l'espace et le temps des Québécois, sont généralement considérées comme des symboles identitaires très forts et on sait l'émoi que provoque à tout coup leur démolition. Mais il en est du patrimoine comme du reste : on devra le définir en fonction de nos moyens à la baisse et de réalités changeantes. Comment alors choisir celles qui méritent plus que toutes les autres d'être conservées à titre d'exemples pour les générations futures ? Autrement dit, quelles sont les églises qui relèvent du patrimoine au sens strict du terme ?

## Les valeurs ajoutées

D'entrée de jeu, je n'hésite pas à dire qu'il serait réducteur sinon dangereux de définir le bâtiment patrimonial en fonction de sa seule appartenance à un style d'architecture. Il faut en même temps considérer ce qui est au-dedans et ce qui est au-dehors. Il y a les composantes de l'architecture et de l'aménagement intérieurs, sans compter le mobilier fixé tel que les boiseries sculptées, le travail de la pierre et les vitraux. Au-dehors, il y a en plus l'environnement ou le paysage dont souvent l'église ne se dissocie guère. Il est d'usage aujourd'hui de repérer les stations de métro des grandes villes — lieux d'échanges et d'activités multiples — par les tours d'habitation qui les surplombent. Dans le paysage urbain traditionnel, ce sont les clochers qui permettent de reconnaître les centres d'activité et de service qui modelaient la vie quotidienne d'hier. Il y aurait intérêt à considérer les diverses composantes des ensembles paroissiaux, telles que presbytère, écoles de filles et de garçons, salle paroissiale et parc, comme des valeurs ajoutées à l'église. Centre traditionnel du gouvernement spirituel des habitants du quartier, l'ensemble paroissial structure aussi le paysage environnant puisqu'il en est le cœur. Les critères de reconnaissance des ensembles paroissiaux les plus souvent mentionnés dans les inventaires nationaux d'architecture menés par le ministère

*La basilique Notre-Dame de Montréal a été construite à partir de 1824 d'après les plans de James O'Donnell. L'intérieur actuel est dû aux plans de Victor Bourgeau et date des années 1870 (photo ANQ, fonds Office du film du Québec).*

de la Culture et des Communications du Québec sont au nombre de cinq. Il y a tout d'abord la qualité des aménagements paysagers qui a été reconnue, à l'échelle de tout le Québec, dans cent dix-neuf cas sur deux cent quatre-vingt-neuf (des mille cent ensembles paroissiaux aménagés avant 1935, deux cent quatre-vingt-neuf ont été reconnus pour leur intérêt patrimonial) ; viennent ensuite la présence d'un véritable complexe institutionnel, c'est-à-dire une église, un presbytère, une école, un cimetière (cent seize cas), l'implantation dans un cadre naturel remarquable (cent un cas), à un carrefour routier (quatre-vingt-onze cas), la qualité et l'importance des constructions (quatre-vingt-un cas). Seize ensembles paroissiaux, dits exceptionnels, regroupent toutes ces caractéristiques, tandis que quarante, dits majeurs, comptent trois des cinq composantes, et une centaine, dits intéressants, en comptent deux. La question mériterait d'être considérée dans toute évaluation de potentiel patrimonial dans les villes-centres. Ces ensembles paroissiaux ne sont guère perçus comme des patrimoines à protéger en tant que tels. Il conviendrait de dresser une liste de ces complexes en même temps que les églises elles-mêmes et d'engager le dialogue entre fabriques et municipalités qui sont les premières responsables de la conservation de ces cœurs de quartiers. Les municipalités ayant un patrimoine religieux paysager remarquable devraient se servir de leur pouvoir de citation pour valoriser ces ensembles qui ajoutent à la valeur patrimoniale des églises. Mais encore faudra-t-il leur trouver des usages et jusqu'où peut-on aller dans la transformation d'une église et de ses dépendances avant qu'elles ne perdent leur caractère religieux ou patrimonial ?

## La cohabitation des fonctions

Une série d'enquêtes que j'ai menées récemment avec des étudiants nous a permis de constater que l'idée de faire cohabiter diverses fonctions suscitait de l'intérêt. Par exemple, à l'église Saint-Esprit, dans le quartier Limoilou à Québec, on a proposé de réserver au culte la chapelle des mariages, qui a une entrée donnant sur le stationnement, d'y concentrer les plus beaux objets mobiliers et de convertir le reste du bâtiment à d'autres fins, communautaires dans la mesure du possible. À quels usages les bâtiments qui ont perdu leurs fonctions cultuelles ont-ils été affectés à ce jour ? Les compilations récentes du ministère de la Culture et des Communications nous disent que, déjà, trente sont devenus des lieux historiques ouverts aux visiteurs : il s'agit d'églises, de chapelles, de couvents, de sanctuaires de pèlerinage, de plusieurs cimetières, d'un presbytère. On dénombre aussi des musées, des bibliothèques, des théâtres et salles de spectacle ainsi qu'une galerie d'art, qui se logent dans d'anciens bâtiments religieux. Les personnes et les groupes touchés par ces questions sont unanimes sur un point : les lieux qui ne servent plus au culte devront être « réaffectés » à des fins culturelles, sociales ou communautaires. Mais est-ce que tôt ou tard on n'aura pas fait le plein des solutions respectueuses et ne faudra-t-il pas se tourner vers des arrangements qui, sans manquer au respect des êtres et des choses qui logeaient dans ces lieux, obligeront à sacrifier les contenus pour sauver au moins les contenants ? En somme, les églises peuvent-elles être laïcisées et être utilisées à des fins générales ?

## L'heure des choix

Nous avons collectivement le devoir de protéger un ensemble représentatif et aussi varié que possible d'églises situées dans les villes-centres. Contrairement aux agglomérations rurales où l'église est un référent obligé et dont la soustraction serait perçue comme une émasculation, les villes-centres ont un seuil de tolérance élevé. On ne peut laisser la nature à elle-même car les prédateurs auront vite récupéré les espaces cultuels, souvent très convoités parce qu'ils sont vastes et bien situés. Les autorités diocésaines et municipales ont intérêt à s'entendre pour que les bâtiments les plus significatifs, c'est-à-dire ceux qui répondent tout à la fois aux critères de reconnaissance des spécialistes en patrimoine et des groupes d'appartenance soient reconnus et protégés. Les premiers prétendent à l'objectivité tandis que les seconds font plutôt référence au sentiment

*L'église Saint-Vincent-de-Paul (rue Sainte-Catherine Est, Montréal) a été construite à partir de 1924 d'après les plans de l'architecte Ludger Lemieux. Située au centre d'un complexe comprenant aussi le presbytère paroissial et la maison des sœurs de la Providence, cette imposante structure devrait être protégée, même si pour cela on devait en sacrifier l'intérieur (photo Luc Noppen).*

d'appartenance. Si les critères des uns et les sentiments des autres coïncident, tant mieux. S'ils s'opposent, ce sont les élus qui trancheront. En fin de compte, le seul patrimoine qui vivra c'est celui qu'on revendiquera. Il est comme la loi 101 qui définit le statut de la langue française au Québec : plus on le défendra, plus il deviendra incontournable au regard des gestionnaires.

Ma proposition vise à protéger le plus grand nombre possible d'églises, compte tenu qu'elles sont des monuments élevés par la collectivité et qu'elles sont les signes tangibles d'un grand projet spirituel et social. En d'autres termes, elle vise à sauvegarder de façon générale le patrimoine des églises, ce capital transmis et enrichi par chacune des générations. En second lieu, elle engage à distinguer entre ce qui est essentiel et ce qui l'est moins, à la fois pour ceux qui font profession de réfléchir sur le patrimoine et ceux qui ont le sentiment de l'avoir reçu en héritage. Finalement elle oblige à faire des choix qui auront pour effet de sacrifier les intérieurs pour sauver au moins les structures.

Le programme que pourraient s'imposer les villes-centres serait le suivant :

1. Identifier les églises patrimoniales de leur territoire en tenant compte tout à la fois du point de vue des spécialistes et des communautés d'appartenance, des qualités architecturales, du décor intérieur et de l'insertion du bâtiment dans un ensemble paysager paroissial.

*L'église Notre-Dame-de-Pitié (rue Saint-Vallier Ouest, Québec) a été érigée en 1947 d'après les plans de l'architecte Étienne Bégin. Exemple d'église dont les caractéristiques architecturales ne semblent pas justifier une protection particulière (photo Paul Laliberté, Centre de production multimédia, Université Laval).*

2. Distinguer entre celles dont on doit conserver l'intérieur et l'extérieur et celles dont l'extérieur seul mérite la reconnaissance.

3. Reconnaître et défendre en priorité, notamment par le statut légal, celles qui, de l'avis unanime, ont une grande valeur patrimoniale. Celles-là conserveront leur vocation d'origine, ou elles permettront la cohabitation de fonctions compatibles, ou même encore la vocation cultuelle sera abandonnée. Mais en tout état de cause leurs intérieurs seront protégés.

4. Abandonner les intérieurs non essentiels en les affectant à des fonctions générales, respectueuses de la fonction d'origine, mais pas nécessairement compatibles ; sauvegarder du coup les structures et les faire vivre en redonnant au libre marché l'usage d'espaces bien situés pour le commerce et l'habitation. Les comités d'urbanisme n'accepteront que des projets qui garantiront le respect de l'architecture extérieure des églises.

Mettre en œuvre pareille proposition signifie qu'on créerait trois classes d'églises : celles qui relèvent totalement du patrimoine et qui sont intouchables ; d'autres dont l'extérieur seul a une valeur patrimoniale reconnue et se trouve protégé ; une troisième classe enfin dont l'intérêt et la valeur fluctuent comme notre dollar. Nul ne peut encore prédire l'hécatombe qui découlerait d'une telle proposition.

## NOTE

1 Jean Simard a présidé les travaux du Groupe de travail sur le patrimoine religieux du Québec qui a produit un rapport : « Le patrimoine religieux du Québec », *Réflexion, document de la Commission des biens culturels du Québec*, n° 5, printemps 1996, 42 p.

# Rapport de l'atelier II : le patrimoine

Lucie K. Morisset
Professeure au Département des études urbaines et touristiques, UQAM
Chercheure au CÉLAT, Université Laval

D'emblée, le sujet du « patrimoine-églises » ne s'adresse pas à la raison : il provoque même l'émotion, dès lors que la remise en question de la conservation des biens d'Église attaque très directement le lien affectif unissant les Québécois — parmi d'autres — aux lieux de culte qui ont modelé les paysages de leur identité. Bâtiments, atmosphères, mobilier, vitraux soulèvent des passions ; comme l'a d'ailleurs rappelé le professeur Guy Mercier, animateur de l'atelier, l'église est restée, parmi tous les édifices abandonnés en raison de la désaffectation des villes-centres, « la dernière à tomber ». Il n'est donc guère surprenant que gardiens, spécialistes, amateurs et amoureux du « patrimoine » convergent vers ces survivantes, lorsque celles-ci, à leur tour, sont désaffectées.

Quelles églises conserver ? Les modernes ou les anciennes ? Faut-il se replier sur les églises déjà classées ? Qui en aura la charge ? Quelle fonction, admettant la disparition du culte, assurera leur pérennité ? Comment déterminer, entre deux églises « objectivement » intéressantes, laquelle conserver ? Qui doit agir, des communautés religieuses, des municipalités ou du ministère de la Culture et des Communications ?

C'est sur de telles questions déchirantes et sur cette note sensible que s'est ouvert et que s'est clos l'atelier sur le patrimoine ; c'est aussi sur cette trame de fond que les deux conférenciers, Luc Noppen, professeur à l'École d'architecture de l'Université Laval, et Jean Simard, professeur au Département d'histoire de la même université, ont présenté leurs réflexions sur cette question de la conservation. Tous deux ont, plus que tout, insisté sur la difficulté des choix, pourtant obligés. Ayant été assumé, au cours de l'atelier sur l'économie qui précédait celui-ci, le bien-fondé, voire la nécessité de la participation de l'État dans la conservation des biens d'Église, l'un et l'autre des conférenciers ont donc exploré les tenants et les aboutissants de la « patrimonialisation » des églises.

Car c'est de cela qu'il s'est agi : Jean Simard, adoptant une position plus académique, a évalué les classifications en vertu desquelles il pouvait être possible d'exercer des choix de conservation pertinents. Paradoxalement, Luc Noppen, parlant le premier, s'est plutôt fondé sur les résultats, en aval des choix, et a exposé l'atterrissage, dans l'univers concret, des critères scientifiques et politiques qui ont, jusqu'à aujourd'hui, présidé à la conservation des biens d'Église. Comme Jean

Simard, Luc Noppen a ainsi d'emblée reconnu le caractère incomplet des « listes » (églises classées) et des filets de protection actuels.

Au départ de ce constat et de la question qui planait concernant la responsabilité de la conservation du patrimoine religieux — doit-elle être assumée par les groupes religieux ou est-elle le fait de l'ensemble de la société ? — la « patrimonialisation » des églises est apparue comme ressortissant nécessairement à quelque évaluation objective. En cette voie, l'exposé de Jean Simard éclairait quelques zones d'ombre ; en effet, dans la mesure où l'avenir des biens d'Église concerne la collectivité *dans son ensemble*, et non les seuls pratiquants, il convient d'évaluer la pertinence de la conservation de ces biens *à la lumière de l'intérêt du plus grand nombre*.

Il apparaît dès lors, en deçà des mémoires de groupes particuliers, qu'une église peut n'être intéressante que par l'une ou l'autre de ses dispositions ; une évaluation objective, selon Jean Simard, permet donc de restreindre l'envergure des gestes de conservation — puisque l'on ne peut tout conserver — à la préservation de « l'essentiel ». Le cas échéant, on pourra favoriser l'intérieur ou l'extérieur d'une église ; partant, l'espace ecclésial peut s'ouvrir à des fonctions mixtes, voire à une reconversion totale, pour peu que l'intérêt des dispositions cultuelles ne justifie pas leur conservation. En bref, Jean Simard a démontré qu'il n'est pas nécessaire de tout conserver d'une église pour en préserver l'intérêt ; mais il est impératif, selon lui, que les villes-centres en cause dressent le corpus de ces églises, de façon telle que les sélections soient éclairées par une connaissance véritable et actuelle du « patrimoine » en vue duquel on conserve.

Luc Noppen, semblablement, a évoqué l'importance de prendre en compte les caractéristiques définitoires d'un « monument-église » au préalable de tout geste de conservation. Il existerait toutefois, en cette voie, deux possibles catégories de monuments : d'une part, ceux conservant l'image et l'apparence — voire, presque forcément, l'usage — du culte, tant en leur extérieur qu'en leur intérieur ; d'autre part, ceux que seule une lourde reconversion aura pu préserver et qui rejoindront par conséquent le corpus des monuments civils. L'option, *a priori*, peut paraître regrettable ; mais, comme l'a proposé Luc Noppen, est-il vraiment nécessaire qu'une église-patrimoine conserve l'essence du culte pour être un monument ?

C'est que, à la différence de Jean Simard, Luc Noppen n'a pas proposé de protéger le plus grand nombre possible d'édifices. Il a plutôt exposé les dangers de vouloir à tout prix tout conserver ; l'intérêt collectif que portent d'emblée les églises devrait simplement, au minimum, garantir le remplacement (le cas échéant) de celles-ci par un ensemble architectural de valeur urbaine et sociale meilleur.

Au-delà de ce critère, la seule promesse d'avenir des biens d'Église tient à l'opinion de la collectivité ; or, si l'évaluation scientifique de l'intérêt des biens d'Église est essentielle (nommément pour réviser la liste « patrimoniale » actuelle, jugée désuète), les conclusions de celle-ci de *trop* conserver ne conduiraient qu'à la désaffection générale du « patrimoine-église ». Les églises, dit Luc Noppen, « sont nos châteaux » ; non seulement les coûts de leur conservation devraient-ils être assumés par la collectivité, mais, de surcroît, le choix de leur conservation devrait aussi être un choix de société. En aval et en amont des études qui redresseront un corpus actuel, il importe donc de sensibiliser l'opinion publique, de diffuser les connaissances à la source d'une véritable « patrimonialisation », de sorte que les églises qu'on conservera effectivement seront, sans compromis, les piliers d'un paysage culturel commun.

C'est dans la foulée d'une telle opération de convergence de l'opinion publique que devrait, selon Luc Noppen, se situer l'intervention de l'État.

Les participants ont répondu à cette proposition, de même qu'à celle de Jean Simard, engageant semblablement les différents paliers gouvernementaux. Le transfert du patrimoine religieux à la société civile — déjà amorcé, comme l'ont d'ailleurs remarqué plusieurs, dans l'adhésion manifestée à la cause — requiert certes l'intervention de l'État ; or, comme l'a exposé un participant, les municipalités, premières impliquées dans la cause, ne disposent pas à l'heure actuelle des moyens d'évaluation qu'exige la constitution d'un dossier de citation. Admettant, en cette voie, que la conservation des églises n'était pas nécessairement la conservation du culte, les participants se sont prononcés en faveur d'un partenariat plus affirmé entre les villes-centres et l'État. Le ministère de la Culture et des Communications, ainsi, devrait fournir aux municipalités l'aide utile à l'évaluation des églises situées sur leur territoire, à l'échelle locale ou régionale, au vu de laquelle ces églises seraient consacrées par l'opinion publique.

Il s'agit, bref, de rapprocher aussi la reconnaissance et la conservation du « patrimoine-église » de la collectivité au nom de laquelle on prétend conserver. Dès lors, restauration et reconversion devraient être, elles aussi, liées à la vocation communautaire du lieu ; l'évocation qui a été faite de la possibilité pour un lieu de culte de changer de confession témoigne de la profonde adaptabilité de ces monuments. Les uns changeront d'image, d'autres de fonction ; restera la présence, ou l'absence, du « bien d'Église » en question dans l'imaginaire de la collectivité. En matière de patrimoine, c'est cette présence surtout, cette appartenance culturelle, qu'il convient, avec précautions, de construire.

# ATELIER III :
# LES PARTENAIRES

## La conservation des églises dans les quartiers centraux : place à de nouveaux partenaires

Président et animateur : Philippe Dubé
Professeur au Département d'histoire
Université Laval

Les fidèles ne peuvent plus longtemps supporter seuls l'entretien des grandes églises des quartiers centraux. Ces édifices pourraient cependant servir plusieurs usages. Peut-on imaginer de nouvelles formes de partenariat qui garantiraient le maintien des édifices à vocation culturelle et communautaire que sont les églises ?

# Propriétaire ou partenaire ?

Sam Boskey
Conseiller municipal
Ville de Montréal

Je n'ai pas d'expertise particulière, ni en architecture, ni en histoire de l'art. J'ai été organisateur communautaire et, il y a quinze ans, j'ai été élu conseiller municipal ; j'ai passé la plupart de ces années dans l'opposition. Je ne suis pas un catholique pratiquant, je suis athée et d'origine juive. Je ne pense pas que l'État doive subventionner la pratique de la religion, mais je pense qu'il est très important de protéger le patrimoine historique parce qu'à Québec et à Montréal le patrimoine de l'Église est l'une des plus grandes compositions du patrimoine historique. Je pense que cela doit être une préoccupation importante pour les municipalités et les provinces et c'est pourquoi je milite pour la protection des biens de l'Église.

Le professeur Marsan a parlé en termes généraux des activités qui se déroulent sur le territoire de Montréal, mais il n'a pas évoqué les actions directes de la municipalité. Et pour cause, en quinze ans de présence au Conseil municipal, nous n'avons jamais parlé des églises ; en revanche, ces dernières années nous avons beaucoup discuté des communautés religieuses. C'est donc surtout de l'avenir des biens de ces communautés religieuses dont je voudrais vous parler. Quand les organisateurs du colloque m'ont invité, je venais de participer à une table de concertation avec des intervenants du milieu, dans l'ouest de Montréal, pour trouver une stratégie visant à protéger trois institutions, trois communautés religieuses. Je pensais que j'aurais de bonnes nouvelles à annoncer concernant les questions de partenariat. Malheureusement, tout ne s'est pas passé comme prévu. En réponse à la question de cet atelier « Peut-on imaginer de nouvelles formes de partenariat qui garantiraient le maintien des édifices à vocation culturelle et communautaire que sont les églises ? » en ce qui concerne un partenariat entre la Ville de Montréal et les communautés religieuses, la réponse à court terme est non. Le partenariat pose comme préalable la volonté des parties concernées de participer et cette volonté me semble inexistante à l'heure actuelle.

## De la propriété des biens d'Église

Regardons d'abord du côté des communautés religieuses. J'ai trouvé deux documents intéressants et je vous invite à en prendre connaissance. Le premier, un petit livret intitulé *Des biens temporels de l'Église et l'immunité de ses biens devant le pouvoir civil* est un texte écrit en 1889 par l'évêque de Trois-Rivières. Ce document écrit il y a plus d'un siècle est important aujourd'hui parce que c'est à cette époque que la plupart des communautés religieuses, au Québec, ont fait l'acquisition de leurs terrains. La mentalité qui se dégage de ce livret continue à définir leur attitude face à ces terrains. La thèse principale de l'évêque est que le droit de propriété de l'Église n'a aucun rapport avec les droits civils ou ceux de l'État ; c'est la loi naturelle, celle du droit canonique qui règne ici. L'évêque explique que ce ne sont que les athées ou des révolutionnaires qui cherchent à rendre l'Église redevable devant les autorités civiles ; selon lui, il faut se méfier des juristes qui sont infectés par les acquis de la Révolution française et qui essayaient de contaminer les lois du Québec. Le texte statue que le gouvernement a tort de penser que l'on peut imposer des contraintes sur les immeubles d'une corporation religieuse ou d'une fabrique de paroisse. L'auteur clame que, par définition, tout ce qui est bon pour l'Église est bon pour l'État. Par extension, on peut avancer que s'il y avait eu des règlements d'urbanisme ou d'aménagement municipaux ou régionaux, l'évêque les aurait décrétés inapplicables.

Le deuxième document recensé est beaucoup plus récent ; il est nettement plus « moderne » et autrement plus pertinent. C'est une lettre pontificale, datée du 10 avril 1994, qui attire l'attention sur le rôle de la Commission pontificale pour la conservation du patrimoine artistique et historique de l'Église, créée en 1988 pour s'occuper des questions relatives au patrimoine. La missive suggère d'envisager un usage des biens d'Église qui tienne compte non seulement d'exigences économiques, mais table surtout sur la signification historique et spirituelle des bâtiments. Elle recommande aux gestionnaires religieux de ne pas précipiter certaines discussions sur l'aliénation du patrimoine immobilier et de garder à l'esprit la finalité propre de chaque édifice. On peut lire que :

> Les constructions imposantes [...] doivent être mises à la disposition en vue d'actions sociales et culturelles à l'intention de la population qui autrefois a aidé à construire ces œuvres. [...] Le soin du patrimoine transcende les limites de l'économie. [...] Dans cette ligne se situent toutes les interventions nécessaires en vue d'accorder plus de place aux biens culturels : la coordination et les ententes au sein de l'Église avec les autres institutions diocésaines ou régionales, comme des accords éventuels avec les administrations civiles compétentes.

Ce document mentionne en outre que l'Université Grégorienne à Rome est à développer une Faculté pour la préservation des biens de l'Église, institution accessible à la fois au personnel de l'Église et aux laïcs. Ce document mériterait d'être mieux connu.

## De l'avenir de quelques biens d'Église dans Notre-Dame-de-Grâce

Voyons maintenant lequel de ces deux points de vue, exprimés à un siècle de distance, a véritablement cours aujourd'hui lorsqu'il y a débat sur la conservation ou la disposition d'un bien d'Église ? Dans Notre-Dame-de-Grâce, le district électoral situé dans la périphérie ouest du centre-ville de Montréal et que je représente au Conseil, il y a trois communautés religieuses dont les propriétés sont contiguës. Les sœurs Adoratrices-du-Précieux-Sang ont acheté leur terrain il y a cent ans, donc à l'époque de la publication du texte de l'évêque de Trois-Rivières. Il semblerait que le curé de la paroisse aurait « tordu le bras » du propriétaire local, un certain M. Décarie, pour qu'il vende son terrain à très bon prix. Or, dans l'acte de vente, il y a une condition qui stipule que si les sœurs n'avaient plus besoin du terrain, elles devraient le rétrocéder à la famille Décarie. Quatre-vingt-dix ans plus tard, quand les sœurs ont décidé de vendre leur domaine, elles ont contesté cette clause devant les tribunaux et elles ont eu gain de cause. Cette décision fut très critiquée dans un article de la revue de la Chambre des notaires. Les sœurs auraient obtenu une offre de quelques millions de dollars d'un promoteur privé qui voulait construire des condominiums sur une partie du terrain. Et, à ma connaissance, il n'y a aucune condition dans l'offre d'achat en ce qui a trait à la préservation de l'édifice.

*L'édifice des sœurs de la Providence reconverti en habitation pour aînés (photo Luc Noppen).*

Juste à côté, les Sœurs de la Providence ont, elles aussi, mis leur édifice en vente l'année dernière pour ensuite décider de plutôt le transformer en résidence pour personnes âgées. Par ailleurs, cette même congrégation détient une propriété importante dans l'est de Montréal : le couvent Saint-Isidore. Les sœurs ont décidé de démolir ce couvent pour pouvoir vendre le terrain, peut-être au Port de Montréal qui s'étend à proximité. Or en 1990, en vertu de la Loi sur les biens culturels, la Ville de Montréal avait cité ce couvent, par décision unanime de son Conseil, comme monument historique et ce, malgré l'opposition des propriétaires. Les sœurs de la Providence sont retournées devant les tribunaux et, à la fin de 1994 — il y avait alors un nouveau maire à Montréal —, elles ont obtenu l'émission d'un permis de démolition. Le couvent est disparu, mais le Port de Montréal n'a pas acheté le terrain...

Toujours à Notre-Dame-de-Grâce on trouve la Congrégation Notre-Dame, une importante communauté enseignante qui possède de magnifiques terrains sur lesquels est notamment érigée la villa *Monkland*. L'ancienne résidence du gouverneur-général du Canada est flanquée de bâtiments conventuels de la seconde moitié du XIX$^{e}$ siècle qui forment le collège Villa-Maria ; l'ensemble est classé monument historique en vertu de la Loi sur les biens culturels et entouré par une aire de protection de cent cinquante mètres de rayon. Certains documents déposés à la Ville de Montréal laissent voir que des édifices pourraient être construits à cent cinquante ou cent cinquante-cinq mètres de distance de Villa-Maria, même si la Congrégation affirme n'avoir aucune intention de démolir ou de lotir le domaine. Quand les résidents du quartier ont commencé à militer dans le dossier du monastère du Précieux-Sang, les sœurs de la Congrégation Notre-Dame ont fermé leurs portes, limitant l'accès du public au vaste domaine, véritable parc urbain. Une table de concertation a été mise sur pied pour rassembler tous les intervenants du milieu intéressés à l'avenir de ces trois propriétés contiguës, mais les trois congrégations en cause ont systématiquement boycotté cette table ainsi que les audiences publiques convoquées pour informer et prendre le pouls de la population.

## Des propriétaires avec peu de vision

Si nous analysons ces attitudes, nous observons deux situations où les congrégations religieuses semblent préférer le jeu des spéculateurs plutôt que d'évaluer d'autres possibilités, avec la communauté des résidents et des partenaires sociaux. Une troisième congrégation ferme l'accès à son domaine au lieu de prendre part aux discussions. Contrairement aux paroisses, certaines communautés religieuses n'ont tissé que peu de liens avec la population des quartiers avoisinants et c'est ainsi qu'elles continuent souvent impunément à décider en vase clos de l'avenir de leurs propriétés, aujourd'hui. Et ceci d'autant plus que ni les municipalités, ni le gouvernement provincial ne leur proposent des orientations.

*Au centre du collège Villa Maria, la villa Monkland (photo Luc Noppen)*

Je voudrais ajouter un quatrième cas, celui du cimetière Notre-Dame-des-Neiges sur le Mont-Royal. La corporation du cimetière, qui a certains liens avec l'Église, négocie présentement avec la Ville de Montréal. Arguant qu'elle a besoin de revenus pour l'entretien du parc-cimetière existant, la corporation voudrait construire de nouveaux mausolées. Or, tous les groupes qui militent en faveur de la qualité de l'environnement s'opposent à ces projets ; pourquoi détruire une partie de l'environnement pour, à ce que l'on en dit, en protéger une autre ?

On constate donc que certaines communautés religieuses ne sont malheureusement pas très sensibilisées aux valeurs qui gouvernent la vie en société aujourd'hui. Le public s'interroge : comment l'Église ou une communauté religieuse peuvent-elles vendre de vastes domaines urbains — des espaces ouverts et perçus comme des lieux publics — pour qu'on y construise des propriétés privées, des condominiums ? Puisque ces propriétés ont bénéficié d'exemptions de taxes pendant cent ans et plus, ne sont-elles pas en quelque sorte grevées d'une hypothèque envers la collectivité ? L'édifice dont la carrière a été institutionnelle, appuyée de subventions et de congés fiscaux, peut-il devenir privé et rentable pour quelques-uns, sans payer quelque redevance à l'État, à la collectivité qui l'ont longuement supporté ? Je n'ai pas nécessairement de réponse précise à ce genre de question, mais la réaction des résidents, voisins des communautés religieuses mentionnées, est empreinte de ressentiment du fait de ces tractations immobilières et je peux la comprendre.

## L'attitude de la Ville de Montréal

Analysons maintenant la position de la Ville de Montréal. L'outil principal dont la Ville de Montréal dispose est la Loi sur les biens culturels du Québec. Amendée en 1986, cette Loi permet aux municipalités de citer des monuments historiques et de classer des sites du patrimoine sur leur territoire. Dès 1987, la Ville de Montréal a établi un Comité consultatif sur la protection des biens culturels, sur lequel siège un certain nombre de spécialistes, dont l'abbé Claude Turmel, conférencier à ce colloque. De 1987 à 1991, le Comité, qui dépose chaque année un rapport, a recommandé la citation de vingt et un édifices, ce que le Conseil municipal a entériné. Rien ne s'est passé depuis 1991 bien que le Comité ait transmis seize ou dix-sept autres recommandations de même nature à la Ville. Au cours de cette période — les trois dernières années de l'administration Doré et la première année de l'administration Bourque — aucune suite n'a été donnée aux recommandations du Comité consultatif. L'administration municipale n'a pas donné suite non plus aux recommandations contenues dans les rapports annuels de 1994 et de 1995, ni à celles émises en 1996 qui seront publiées sous peu dans le rapport annuel.

Dans son dernier rapport annuel publié, le Comité dressait la liste des quinze édifices les plus menacés à Montréal. Parmi ceux-là, deux sont déjà démolis tandis que trois autres, laissés sans aucune protection, se détériorent progressivement. Deux seulement semblent protégés : l'un grâce à l'intervention de l'architecte Michael Fish, l'autre, l'ancien cinéma Colonial, a été sauvé par un projet de reconversion. Mais la Ville vient d'annoncer qu'elle permettrait la démolition partielle d'un des édifices les plus prestigieux de cette liste : la *Loco Shop*, faisant partie de l'ensemble des *Shops Angus* du Canadien Pacifique, à Rosemont. Il s'agit là peut-être du plus vaste édifice du patrimoine industriel du Canada, et les autorités s'apprêtent à laisser un promoteur en démolir une partie pour y installer un marché d'alimentation à grande surface.

Le Comité consultatif sur la protection des biens culturels de la Ville de Montréal n'a pas de répondant auprès de l'administration municipale et il n'y a pas de programme de suivi de ses recommandations, même lorsque celles-ci sont agréées par le Conseil. Ainsi, une fois que la citation a été prononcée, il n'y a aucun programme pour assurer la protection et la mise en valeur du monument ou du site concerné. Le Comité a aussi adressé plusieurs recommandations aux gouvernements municipal et provincial concernant, entre autres, les programmes d'aide financière, des amendements à la loi, la protection de l'intérieur des édifices. Il semble que ces propositions soient restées sans réponse.

## POURTANT, LES MOYENS D'AGIR NE MANQUENT PAS

Pourtant la Ville de Montréal aurait la capacité d'agir ; beaucoup de professionnels à son emploi, parmi lesquels des urbanistes, des architectes et des historiens d'art, s'intéressent aux dossiers en cause. Aussi, avant d'occuper son poste à la Ville de Montréal, le directeur du Service de l'urbanisme a œuvré dix ans dans le domaine du patrimoine. L'administration précédente avait demandé aux fonctionnaires d'élaborer un projet d'ensemble sur la question ; il en est résulté un document très intéressant : *Un projet de patrimoine pour Montréal / Énoncé d'orientation pour la sauvegarde et la mise en valeur du patrimoine architectural et urbain, version préliminaire février 1994*. Mais, suite aux élections municipales, il n'y a jamais eu de version finale de ce texte puisque, suite aux élections municipales, le module du service qui l'a produit a été aboli. En outre, la Ville a fait lever la citation du couvent Saint-Isidore pour autoriser la démolition du monument, malgré la forte opposition exprimée lors des audiences publiques tenues par le Comité de protection des biens culturels.

Il y a pourtant une réelle possibilité de partenariat entre la Ville et des propriétaires de sites et de monuments. La Ville a le pouvoir d'appuyer financièrement la conservation et la mise en valeur des édifices et des ensembles ; elle a aussi le pouvoir d'adopter des règlements et une politique du patrimoine. La Ville peut également utiliser les possibilités que lui offre la réglementation de zonage ; cependant, des événements récents ont démontré — le cas du Monastère du Précieux-Sang en est un bon exemple — comment l'apparente protection d'une zone « institutionnelle » pouvait disparaître sous la pression du monde immobilier. L'outil le plus intéressant dont la Ville dispose est « l'accord de développement », une disposition du Plan d'urbanisme qui favorise la concertation avec les institutions concernant l'avenir de leurs propriétés. De telles négociations conduisent non seulement à la redéfinition des règlements d'urbanisme applicables aux propriétés concernées mais permettent aussi la conclusion d'ententes sur leur mise en valeur à long terme, auxquelles les parties concernées s'engagent à participer, notamment financièrement. Malheureusement, même s'il semble évident qu'il y va de l'intérêt collectif, la Ville n'a pas le pouvoir d'obliger une institution à participer à de telles négociations.

Tout compte fait, il semble bien que le leadership doive venir du gouvernement provincial. Pour être cohérent avec son discours nationaliste, le gouvernement devrait avoir une grande préoccupation pour le patrimoine, siège de l'identité nationale. Et il nous faut précisément une politique d'ensemble, cohérente et conséquente, en matière de patrimoine. Si, en matière de patrimoine aussi, le transfert de responsabilités aux municipalités s'accompagne d'un désengagement financier de la part de l'État provincial, les bonnes nouvelles se feront bientôt rares. Le gouvernement provincial doit agir en bon citoyen et offrir son action en modèle aux municipalités pour les inciter à faire leur part.

# L'avenir des biens d'Église : un devoir de concertation sur le terrain municipal

Jacques Fiset
Conseiller municipal
Vice-président du Comité exécutif
Ville de Québec

Comme M. Sam Boskey, je représente un district électoral qui comprend une paroisse nommée en l'honneur de Notre-Dame-de-Grâce. Ma position est cependant différente de la sienne, car j'aborde le dossier des biens d'Église en ma qualité de membre d'un gouvernement municipal. Au Comité exécutif de la Ville de Québec, j'ai en effet la responsabilité du Centre de développement économique et urbain (CDÉU) et c'est à ce titre que le maire m'a demandé de collaborer au Comité du patrimoine religieux, dont on vous a déjà parlé, ainsi qu'au présent colloque.

## Le conseiller municipal : le dernier recours

Mais ce titre ne peut masquer mon rôle premier, celui de conseiller municipal, élu local. Précisons d'abord ce qu'est un élu local : c'est celui que tous les gens du quartier connaissent ; ils connaissent son conjoint, son adresse et son numéro de téléphone personnel ; ils savent qu'ils peuvent toujours le contacter facilement et rapidement. Bref, l'élu local est celui qui est le plus près du citoyen ; celui qui, dans bien des dossiers, est aussi perçu comme son dernier recours.

À titre d'exemple, lorsque la Fabrique de Saint-Cœur-de-Marie a annoncé qu'elle mettait l'église en vente, le soir même, une vingtaine de citoyens dans la salle du Conseil interpellaient le maire : « Qu'allez-vous faire avec cette église ? » ; le maire s'est alors penché vers moi et m'a demandé : « Est-ce que je leur dis que cette propriété ne nous appartient pas ? Je pense qu'il faudrait trouver une autre réponse ».

Comme autre exemple, considérons un article du quotidien *Le Soleil* traitant de l'évolution du cas de l'église Notre-Dame-du-Chemin ; on signalait que même si des décisions avaient déjà été prises par les responsables du dossier à la paroisse et au diocèse, la Ville devrait faire davantage. Qui donc, en définitive, discute en public de ces affaires, à première vue, privées ? Les élus locaux !

Lorsque nous, les conseillers du Rassemblement populaire, sommes arrivés à l'administration dans l'équipe de Jean-Paul L'Allier en 1989, nous avions la conviction que la Ville devait être un lieu de concertation. Voilà probablement pourquoi mon attitude paraît aujourd'hui différente de celle de Sam Boskey. J'essaie de voir la convergence de circonstances puisque la Ville se doit d'être le lieu de concertation entre des groupes et des tendances ; si la corporation municipale échoue dans cette tâche, le citoyen s'adressera à ses élus locaux, quitte à les vilipender.

## Un rôle de concertation

Dès le début de notre mandat, nous avons dû régler un problème qui, au départ, ne semblait pas devoir nous concerner : le fermeture des écoles dans les quartiers centraux. Comme on m'a très tôt perçu comme le responsable des relations entre la Ville et les autres réseaux qui gèrent le terrain local, le maire m'a confié le mandat de mettre sur pied une table de concertation. En tant que Ville, nous ne pouvions créer une commission sur la disparition des écoles primaires dans les quartiers centraux, nous avons donc posé le problème comme celui de « la disparition des institutions dans les quartiers centraux ». En outre, nous avons élargi notre préoccupation au réseau de la santé ainsi qu'au réseau des établissements diocésains. Nous avons abordé la question de la disparition de ces institutions publiques de service qui sont au cœur des communautés.

Nous avons découvert qu'il y a deux sortes de municipalités. D'une part, les « inconscientes » qui limitent leurs fonctions à la réfection des rues et des trottoirs, tout en percevant le moins de taxes possible. D'autre part, les « conscientes » qui ont compris que gérer une ville c'est aussi gérer l'espace et le quotidien des citoyens ; de telles municipalités deviennent un lieu de concertation. Quand le citoyen voit disparaître des éléments qui nourrissent son quotidien parce que certains élus veulent gérer un peu trop « mathématiquement » les dossiers, quand il s'aperçoit que son quotidien et son espace vont changer, il s'adresse encore à l'élu local.

Les quartiers les plus déstructurés (parce qu'ils ont été abandonnés) sont concentrés dans les villes-centres. Personnellement, au Conseil de ville de Québec, je représente un tel secteur, celui de la Basse-Ville. À partir du moment où le milieu est déstructuré, il s'accroche davantage aux symboles que sont les institutions publiques au cœur de son territoire : l'école, l'église, le centre communautaire, l'institution qui offre des services de santé ou des services sociaux. Quand la vie des gens se déroule sur un petit territoire géographique, ces symboles ont beaucoup plus d'importance que pour des gens dont la vie prend en compte un territoire aussi large que le Québec. De tels constats nous ont fait prendre conscience de l'importance de ces symboles pour nos quartiers centraux les plus déstructurés.

*L'église Saint-Sauveur dominant la Basse-Ville de Québec (photo Marc Robitaille, Centre de production multimédia, Université Laval).*

## La recherche de partenaires

Pourtant, l'on ne peut quand même pas préserver des symboles simplement pour eux-mêmes. Nous avons donc regardé le problème de plus près. Prenons l'exemple d'une école que la commission scolaire voulait fermer parce qu'elle n'était occupée qu'à moitié. On s'est rendu compte qu'elle avait encore deux cent vingt-cinq élèves, alors que plus de quatre-vingts pour cent des écoles de la province n'en ont qu'une centaine. Ce n'était donc pas que l'école était trop petite en tant qu'institution, mais plutôt que la bâtisse qu'elle occupait était trop grande. Nous avons abordé le problème sous un nouvel angle : l'école était à moitié occupée ; c'était intéressant de conserver deux cent vingt-cinq élèves dans une école ; c'était faisable et « gérable » ; il fallait donc chercher à occuper le reste de l'école. Nous avons créé un lieu de concertation avec la Commission scolaire précisément pour le maintien des institutions, ce qui a abouti à l'émergence d'un modèle. En effet, nous avons r_alis_ que ce qui crée un sens identitaire dans ces communautés — qui en ont un besoin particulier du fait qu'elles sont déstructurées — ce sont ces lieux communautaires directement au cœur des anciens de la paroisse, de leur petit territoire. Cependant, les fonctions anciennes disparaissent par attrition, qu'il s'agisse de la fréquentation des lieux de culte ou de la présence dans les écoles, parce qu'il n'y a pas autant d'enfants qu'auparavant. En raison de la disparition des fonctions anciennes qui avaient garanti le maintien de ces établissements, il faut trouver les fonctions nouvelles, générées dans ces communautés, qui pourraient maintenant assurer leur maintien. Par exemple, dans le cas de l'école dont je viens de parler, si l'on partageait les frais de chauffage, d'électricité et d'entretien d'un gros bâtiment avec d'autres partenaires, il serait alors possible de conserver en vie l'école primaire avec aussi peu que soixante-quinze élèves.

Mon incursion dans le réseau de la santé, à titre de représentant de la Ville de Québec à la Régie régionale de Québec, m'a permis de voir poindre le mouvement communautaire, secteur disparate et méconnu (même parmi ses différents acteurs). Nous avons tout intérêt à mieux connaître ce mouvement parce qu'il joue le même rôle que l'école ou l'église ont eu dans les communautés locales par le passé. Ainsi, il y a intérêt, et c'est une des responsabilités de la municipalité, à créer des lieux de concertation au sein des communautés locales. Cette façon de procéder mettrait en connexion des fonctions anciennes avec des fonctions communautaires nouvelles, dans un même bâtiment qui a toujours été, et demeurerait, le symbole de la vie communautaire au cœur du quartier.

## Dédier le patrimoine aux groupes communautaires

Dans la partie centrale de la Basse-Ville, le curé, M. Mario Dufour, a saisi cette dynamique. Comme il y a deux églises dans ce secteur — l'église Saint-Roch et l'église Notre-Dame-de-Jacques-Cartier — il y a un surplus d'espaces du strict point de vue paroissial. Le curé m'a donc indiqué que l'on devrait utiliser ces espaces précisément pour favoriser l'émergence du mouvement communautaire.

À la Ville de Québec, nous avons dénombré six cent cinquante groupes communautaires sur le territoire municipal. Ces groupes œuvrent à peu près partout dans le tissu urbain, mais on se rend compte qu'ils sont beaucoup plus présents dans les quartiers centraux que dans les quartiers périphériques ; ils sont cependant très souvent insérés dans le tissu urbain résidentiel. De ce fait, ces groupes accaparent souvent un immeuble à logements et le transforment en pôle « communautaire », alors qu'ils auraient dû plutôt trouver un lieu qui porte déjà une identité communautaire. C'est dans cette voie que la Ville peut intervenir dans le tissu communautaire qui ne cesse de croître et de se densifier. La transformation du réseau de la santé et des services sociaux amènera une consolidation importante du « communautaire » et, au lieu de le laisser s'implanter n'importe où, on devrait l'intéresser, soit à partager les espaces dans lesquels il y a déjà eu des activités communautaires, notamment les églises désaffectées, soit à trouver des partenaires.

Nous faisons face à deux grands problèmes. D'abord, quand un lieu est perçu comme sacré, il est difficile de concevoir qu'il puisse y avoir autre chose que des activités

*L'église Notre-Dame-de-Grâce à Québec (photo Paul Laliberté, Centre de production multimédia, Université Laval).*

à caractère religieux, bien qu'il y aurait moyen d'y organiser d'autres types d'activités. Il faut donc contrer cette culture d'exclusivité du lieu sacré. Le deuxième problème tourne autour de la question de protection du patrimoine. Je pense en particulier à l'église Notre-Dame-de-Grâce qui est dans mon district électoral, là où se déroule actuellement la « charrette ». C'est un lieu dont l'intérêt premier est l'espace intérieur. À partir du moment où l'on commence à le diviser, on l'altère un peu. Ainsi, ce n'est pas toujours facile d'implanter des activités nouvelles à caractère communautaire, différentes de celles pour lesquelles un immeuble a été conçu, tout en respectant les caractéristiques architecturales du bâtiment. Pourtant, de nos jours, c'est une solution qui doit être envisagée, de concert avec les municipalités.

Je situe la municipalité d'abord et avant tout comme le lieu de convergence des intérêts des divers réseaux en cause dans ce qui peut être une solution. J'ai parlé du réseau de l'éducation ; or, les réseaux religieux, ainsi que celui de la santé et des services sociaux, contrôlent aussi un certain nombre de fonctions qui pourraient se trouver au cœur des quartiers. La municipalité devient donc le lien entre tous ces réseaux qui, au cours des années passées, ont travaillé de façon parallèle, chacun prenant des décisions en fonction de ses propres besoins.

L'élu local se trouve dans une situation où, étant interpellé sur à peu près tout ce qui se passe sur le territoire, il doit considérer l'ensemble des problèmes. Il peut donc être en contact avec ces réseaux et les amener à prendre des décisions dans la perception plus large qu'est l'aménagement urbain, l'aménagement du cadre de vie des citoyens. Évidemment, ces décisions ne sont pas faciles à prendre, mais il y a plusieurs façons de le faire. Les décisions concernant le réaménagement de ce réseau doivent être prises en fonction du respect de l'organisation du territoire et non pas simplement en fonction des besoins spécifiques ou économiques du réseau ; en fonction de l'harmonisation d'un territoire existant, structuré et organisé.

C'est le travail qui reste à faire et cette convergence entre les divers réseaux semble être la seule solution pour y arriver et se donner, peut-être, une charte de principes d'action pour répondre valablement aux questions qui nous sont posées en matière de biens d'Église ou de patrimoine religieux.

# Rapport de l'atelier III : les partenaires

Ginette Noël
Archiviste
Directrice des Archives de la Ville de Québec

Dans le contexte où les fidèles ne peuvent plus supporter seuls l'entretien des églises des quartiers centraux et que celles-ci constituent un héritage à conserver, il est acquis qu'elles pourraient servir d'autres fonctions. Peut-on imaginer de nouvelles formes de partenariat qui garantissent le maintien de ces édifices à vocation culturelle et communautaire que sont les églises ?

La question préoccupe le milieu municipal. Les points de vue rapportés par Sam Boskey, conseiller municipal de la Ville de Montréal et Jacques Fiset, conseiller municipal et vice-président du Comité exécutif de la Ville de Québec, ont initié les échanges et les discussions.

L'atelier doit permettre l'identification de nouvelles formes de partenariat en vue de garantir la conservation des églises dans les quartiers centraux. Il est animé par Philippe Dubé, professeur au Département d'histoire de l'Université Laval et chercheur au CÉLAT.

Pour introduire le thème, Philippe Dubé souligne que le succès du colloque est le signe d'une mobilisation exceptionnelle en faveur de ce corpus patrimonial. Selon lui, la mise en péril du patrimoine religieux est le symptôme d'un malaise plus important dans la société. La baisse de population dans les quartiers centraux, la dévastation des centres-villes, la crise économique, la crise culturelle génèrent une reconfiguration sociale et une transformation radicale du tissu urbain. Par ailleurs, dans un contexte de tiraillement entre le passé et l'avenir, l'émergence de nouveaux partenaires au-delà de l'État et de l'Église devrait constituer une piste de solution à évaluer.

Les expériences britannique et américaine pour la sauvegarde et la mise en valeur de leur patrimoine religieux respectif, présentées à ce premier colloque international, devraient servir d'inspiration. Au Québec, la Fondation du patrimoine religieux, dont les buts et objectifs et les règles de fonctionnement ont fait l'objet d'une présentation par la directrice générale, Helen Haslam, est un acteur privilégié si l'on considère les ressources financières non négligeables provenant du gouvernement du Québec dont elle dispose.

Dans la société actuelle, il y a un consensus sur la pertinence d'un arrimage avec des partenaires autres que ceux traditionnellement associés au patrimoine religieux. On peut penser aux secteurs de l'économie, des affaires et de la culture. Enfin, il faut aussi tenir compte de la valeur touristique intrinsèque de ce patrimoine. Philippe Dubé conclut qu'il faudrait approcher tous ces groupes de manière plus signifiante.

D'entrée de jeu, Sam Boskey, conseiller municipal de la Ville de Montréal, constate que l'État ne doit pas subventionner la pratique de la religion, mais que son action doit surtout porter sur la protection des bâtiments. Sam Boskey ne croit cependant pas qu'il y ait une conjoncture favorisant le partenariat entre l'administration et les communautés religieuses à Montréal. Entre l'Église et l'État, il voit un problème de communication qui trouve ses racines dans une tradition séculaire. Pour appuyer sa thèse, il cite un document de 1889 intitulé *Des biens temporels de l'église et de l'immunité de ces biens devant les pouvoirs civils*, ainsi qu'une lettre pontificale faisant état d'un point de vue différent, en 1994. Selon le dernier document, l'utilisation que l'on fera des bâtiments et des édifices de l'Église doit tenir compte de leur signification historique et spirituelle. Cependant, trois expériences malheureuses concernant l'utilisation de biens de communautés religieuses dans la région de Montréal n'ont pas tenu compte de cette signification puisque, dans les trois cas, des facteurs économiques ont semblé être à l'origine des changements survenus dans la vocation des propriétés des communautés. De plus, il n'a constaté aucune sensibilité des communautés en question à la volonté du milieu environnant de trouver des solutions. Dans l'ensemble, selon l'avis de Sam Boskey, les pratiques immobilières des communautés religieuses seraient donc encore largement inspirées de l'idéologie du XIX$^{e}$ siècle.

Il existe à la Ville de Montréal un comité consultatif dont le mandat est de reconnaître l'importance historique de certains bâtiments. Ce comité a fait, depuis le milieu des années quatre-vingts, de nombreuses recommandations pour la citation d'édifices. Il semble n'y avoir eu aucun suivi à ces recommandations, même que certains édifices ayant fait l'objet d'une citation formelle auraient été détruits. Par ailleurs, un rapport d'orientation pour la sauvegarde du patrimoine est demeuré lettre morte.

Cependant, Sam Boskey affirme que la Ville de Montréal dispose de pouvoirs qu'elle pourrait exercer, soit en fournissant une aide financière, soit en posant d'autres gestes comme : se doter d'une politique en matière de patrimoine, utiliser les accords de développement pour planifier l'avenir et améliorer le zonage.

Sam Boskey conclut son exposé en maintenant que le leadership pour la sauvegarde du patrimoine religieux passe par l'intervention du gouvernement et cette intervention devrait se traduire par un engagement financier.

À la Ville de Québec, le point de vue est différent. Jacques Fiset considère les églises au même titre que les écoles, c'est-à-dire comme un symbole de la communauté. Il croit fermement que les municipalités sont les interlocutrices incontournables dans la préservation de ce patrimoine bâti. Il croit au développement d'un partenariat afin d'assurer leur avenir.

Selon lui, la structure des communautés locales s'appuie sur la survivance des institutions des quartiers centraux, et l'Église est l'une d'elles. Dans les villes-centres, la population qui voit disparaître ses repères familiers, telles églises et écoles, en est viscéralement affectée ; c'est à son élu municipal qu'elle se confie et demande des comptes.

Par ailleurs, il constate l'émergence de besoins communautaires immenses qu'il faut combler. L'utilisation des églises à des fins communautaires pourrait constituer un élément de solution pour ce type de bâtiment qui, intrinsèquement, est éminemment à caractère communautaire. Certains usages disparaissent, d'autres naissent. Il faut s'y adapter, les édifices cultuels également.

Contrairement aux écoles, la conservation des églises pose certains problèmes particuliers. Le lieu est sacré et il faut en assurer l'intégrité architecturale ; c'est un des défis à surmonter dans la recherche de solutions judicieuses et originales.

En conclusion, Jacques Fiset affirme que l'administration municipale doit agir et se définir comme lieu de concertation et lieu de convergence. Ses partenaires doivent notamment être les groupements religieux et communautaires, les milieux de l'éducation, de la santé et des services sociaux.

Les exposés ont suscité plusieurs réactions des participants et des participantes. On a corroboré les propos tenus et enrichi la réflexion des suggestions et des éléments suivants :

- Mettre à profit l'industrie des pompes funèbres qui pourrait être associée à la problématique et devenir un partenaire.
- Sensibiliser la population afin qu'elle admette plus facilement certains changements de vocation des églises comme un élément positif.
- Inventorier une gamme de possibilités d'implantation acceptables dans un lieu de culte désaffecté.
- Privilégier l'engagement de professionnels pour planifier les travaux de restauration des églises.

- Diffuser des guides techniques, produits par la Fondation du patrimoine religieux, dans toutes les paroisses, les congrégations et les instances intéressées par la sauvegarde et la préservation du patrimoine.
- Favoriser un contexte de participation mutuelle pour que le partenariat soit une réussite.

Dans cet atelier, on a établi un consensus autour des éléments suivants :

- L'importance des églises en tant qu'acteurs favorisant la réhabilitation des quartiers centraux. Cependant, des usages multiples peuvent contribuer à la sauvegarde des églises.
- Il est souhaitable que les églises demeurent des lieux de culte et que la communauté des fidèles assure leur conservation. Des partenaires devraient être associés à leur conservation et à leur mise en valeur.
- On évoque les fusions d'églises et de services communautaires de manière très positive. Et si ces fusions permettent la sauvegarde des églises, les contributions financières de chacune des parties devraient en être le reflet.
- La Fondation du patrimoine religieux du Québec doit demeurer, mais on devrait repenser son action afin de tenir compte des besoins réels des communautés et des particularités régionales. On souhaite la poursuite du programme gouvernemental administré par la Fondation du patrimoine religieux. On qualifie cette expérience de collaboration avec le gouvernement du Québec de très positive et beaucoup croient qu'elle devrait être poursuivie. Cependant, les orientations de cet organisme et les critères de sélection qu'ils ont adoptés pour subventionner des bâtiments suscitent beaucoup de questions. La Fondation devrait adopter des critères très rigoureux qui tiennent compte des particularités régionales. On devrait abandonner la règle des cinquante ans pour considérer un bâtiment en vertu du programme.

# Allocution de clôture

Louise Beaudoin
Ministre de la Culture et des Communications du Québec

## Le patrimoine en question

Nous en sommes tous conscients, la problématique des biens d'Église en est une des plus aiguës.

Rappelons que jusqu'à la fin des années cinquante les contextes social et religieux faisaient en sorte que les collectivités assuraient la croissance et l'entretien des biens d'Église. La ferveur religieuse, doublée d'une croissance démographique soutenue, suffisait à maintenir, dans les quartiers urbains des villes-centre, les nombreux et imposants lieux de culte. Les quartiers de Montréal et de Québec — surtout ceux érigés avant 1940 — parlent d'eux-mêmes. « Montréal, ville aux cent clochers ! » : ce cliché, plein de vérité, est très révélateur.

Mais la situation actuelle est, on le sait, différente. Elle est préoccupante. On connaît bien deux des causes principales des changements qui sont survenus. C'est, d'abord, le phénomène de baisse radicale de la pratique religieuse et, ensuite, le dépeuplement des quartiers centraux au profit des banlieues.

Le legs, par notre histoire, des biens religieux, témoigne de la ferveur passée à la fois par leur nombre, leur qualité et par leur diversité. Pour ce qui est du nombre, notons que le religieux est clairement une des catégories patrimoniales les plus importantes. On a dénombré quelque cinq mille cinq cents structures anciennes (érigées avant 1930) dont près de mille trois cents églises catholiques, mille deux cents couvents, monastères et abbayes, trois cents églises protestantes. Ces églises et ces monuments religieux comptent parmi les constructions les plus volumineuses. Et, ne l'oublions pas, elles ont dans bien des cas été conçues et enjolivées par de grands artistes.

La nature même des œuvres du patrimoine religieux est sans pareille. Elles sont un résultat de labeur et de foi. Elles ont souvent exigé des sacrifices. Reconnues comme des biens collectifs de façon évidente lorsque les sphères spirituelles et temporelles étaient imbriquées, ces œuvres méritent maintenant une reconnaissance collective d'une autre nature.

Ainsi, la sauvegarde de ces monuments est non seulement souhaitée par les fabriques en difficulté, mais souvent réclamée par les citoyens des quartiers centraux, fussent-ils pratiquants ou non. Que le souci de la sauvegarde de ces œuvres soit désormais dissocié des croyances témoigne de la reconnaissance sociale de leur valeur.

Dans *Raisons communes*, le regretté Fernand Dumont nous rappelle avec raison que le patrimoine n'est pas une collection de monuments morts. Il doit témoigner de la continuité d'un milieu humain ; « sa vertu, affirme-t-il, est de rendre le passé au présent, la mémoire à l'avenir ».

## Des approches, des solutions

Il faut donc déterminer qui, comment, pourquoi on doit sauver ce patrimoine religieux. Les réponses ne sont pas simples. Les intervenants ne sont pas uniques. Et je me réjouis que ce colloque ait permis de baliser les principales pistes qui nous mèneront aux meilleures solutions.

Il faut dire que la conservation et la mise en valeur du patrimoine religieux ont toujours été des préoccupations importantes du ministère de la Culture et des Communications. En effet, dès sa création, le ministère a édicté plusieurs décrets de classement dans le domaine du patrimoine religieux. Avec ses cent soixante-six monuments classés, le patrimoine religieux compte plus du tiers de tous nos monuments historiques. À ceux-ci se sont ajoutés cent vingt-cinq entités à caractère patrimonial situées dans les arrondissements historiques. Dans l'ensemble des interventions du ministère, on peut affirmer que le patrimoine religieux est le domaine qui suscite le plus d'actions de sauvegarde.

Récemment, le ministère de la Culture et des Communications a mis sur pied un important programme d'aide à la restauration du patrimoine religieux. En 1995, le gouvernement du Québec s'est engagé à investir quarante millions de dollars sur cinq ans dans un programme d'aide à la restauration de ce patrimoine.

Ce programme comporte deux volets. Le premier est consacré à l'immobilier, dont la gestion a été confiée à La Fondation du patrimoine religieux du Québec, un organisme créé précisément à cette fin. Le second volet, dont le ministère de la Culture et des Communications s'est vu confier la gestion, concerne les biens mobiliers. Au montant initial de quarante millions de dollars, nous avons ajouté, dans la dernière enveloppe budgétaire, une somme de dix millions de dollars. Dans le contexte de restrictions que nous vivons, l'injection de quelque cinquante millions de dollars démontre bien que nous avons saisi l'urgence de la situation.

Nous sommes toutefois conscients que ce programme ne couvre qu'une partie des besoins réels, car la conservation des biens d'Église dans les villes-centres nécessitera bien davantage qu'un programme d'aide. Les interventions au cours de ce colloque l'ont bien signalé.

Autrement dit, comme dans tous ses domaines d'intervention, l'État ne peut prendre sur lui l'ensemble de la problématique. La création de la Fondation du patrimoine religieux, il y a presque deux ans, traduit la volonté des intervenants de tous les milieux de définir et de mettre en pratique une stratégie de sauvegarde du patrimoine religieux. Cette fondation, je le note au passage, est représentative de tous les horizons spirituels que le Québec renferme et illustre ainsi le pluralisme religieux de notre histoire et de notre culture.

À cette occasion, on a aussi créé des tables régionales de concertation qui ont un rôle important à jouer dans l'établissement des priorités. Ces tables sont composées de trois catégories de membres : des citoyens préoccupés par la question du patrimoine, des représentants du Ministère et, enfin, des communautés religieuses. Il s'agit de s'assurer que les milieux s'approprient la sauvegarde et établissent eux-mêmes leurs priorités en fonction de leurs propres critères.

## Des solutions hors de la sphère étatique

Que ferons-nous de ces beaux monuments ? Durant le colloque, cette question, posée ici crûment, fut lancinante. L'attribution de nouvelles vocations aux lieux de culte a souvent été évoquée, avec raison. Sans ces nouvelles attributions il deviendra difficile, voire impossible, de conserver toutes les églises existantes des quartiers centraux.

Évidemment, il y a des monuments dont la conservation est, pour ainsi dire, assurée. Dans son exposé, Jean-Claude Marsan en a mentionné plusieurs, dont la basilique Notre-Dame dans le Vieux-Montréal, la cathédrale Marie-Reine-du-Monde ou la *Christ Church*. Dans ses nombreuses recherches, Luc Noppen en a aussi identifié plusieurs sur le territoire de la ville de Québec. On pourrait dire que le problème n'est pas tellement celui de ces monuments centraux. La collectivité reconnaît leur importance et les pouvoirs publics fourniront les ressources nécessaires à leur conservation.

Les églises de quartier, toutefois, ne pourront toutes survivre sans la mobilisation des milieux concernés, sans leur détermination à trouver de nouveaux partenaires, de nouvelles affectations, de nouvelles sources de financement.

Il y a, on le voit, un lien direct entre la sauvegarde du patrimoine et la mobilisation des milieux. On doit dire aussi que cette réflexion s'inscrit dans le cadre de la revitalisation des quartiers centraux. Ainsi a-t-on vu, dans plusieurs projets de réaménagement urbain, que des lieux de culte deviennent des lieux de culture, alors que d'autres demeurent inchangés parce qu'ils acceptent de partager l'espace avec le flux touristique.

## L'importance du colloque et de la Charrette sur l'avenir des biens d'Église

Cette problématique a non seulement plusieurs dimensions, elle est commune à l'ensemble du monde occidental. Je tiens à féliciter le maire, Jean-Paul L'Allier, et les organisateurs de ce colloque d'avoir eu l'envergure (on ne peut certes pas parler « d'esprit de clocher » dans leur cas !) de convoquer, chez nous, des spécialistes de tous les horizons intellectuels et scientifiques, afin de provoquer le choc des idées et le partage des solutions.

Je constate donc avec un très grand intérêt que ce colloque a été une source de réflexion de haut niveau pour une problématique qui concerne toutes les villes du Québec.

Enfin, je trouve stimulant que cette réflexion se poursuive, à l'intérieur de l'église de Notre-Dame-de-Grâce — lieu des plus appropriés —, par la Charrette sur l'avenir des biens d'Église et par un atelier de modélisation informatique. Ce brassage intensif d'idées associé à l'utilisation de nouvelles technologies, mené par une quarantaine d'architectes, de stagiaires et d'étudiants, engendrera sans aucun doute de nouvelles idées quant à la conservation ou la reconversion de certains des monuments.

Dans *Le Devoir* Lise Bissonnette a déjà proposé que « la fin des mégaprojets devrait signifier le début d'une grande corvée multiforme pour réparer, restaurer le bâti et les paysages québécois, parfois même les recréer ». C'est assurément dans cet esprit que baignent les ateliers de la Charrette.

Ces ateliers contribueront aussi sans doute à démontrer que les églises, à l'origine du développement des villes et villages, peuvent participer à un nouveau développement. Nous assistons ces années-ci à l'éclosion d'une nouvelle culture du paysage qui exige la prise de conscience de l'importance de la qualité du cadre de vie.

Que ces exercices de réflexion suscitent un éveil et soient à l'origine d'un nouvel élan communautaire, voilà qui serait idéal.

Qu'ils mènent à l'émergence d'une série de projets servant la préservation du patrimoine et profitant à l'ensemble de la communauté, ce serait déjà beaucoup.

Je vous invite donc à prendre connaissance des résultats de cette réflexion d'un nouveau genre, initiée par ce groupe de jeunes architectes.

# Quelques conclusions au colloque

Luc Noppen
Professeur à l'École d'architecture
Chercheur au CÉLAT, Université Laval

Qu'il nous soit permis, au terme du Premier colloque international sur l'*Avenir des biens d'Église*, de dresser un bilan en énumérant quelques recommandations. Celles-ci émanent tant des conférences et des questions et commentaires qu'elles ont suscités que des exposés et des discussions en atelier. Pour plus de clarté, nous les avons regroupées dans l'ordre des ateliers, même si plusieurs des avenues évoquées par les participants recoupent les trois volets.

## Économie

- Que l'État maintienne l'appui financier qu'il accorde à la conservation du patrimoine religieux.
- Que les fonds publics investis dans le patrimoine religieux soient affectés en priorité aux monuments historiques classés, reconnus ou cités en vertu des dispositions de la Loi sur les biens culturels.
- Que les municipalités se concertent pour adopter ou faire adopter des mesures fiscales qui facilitent le partenariat axé sur la mise en valeur des églises.
- Que l'État assouplisse sa réglementation en matière de construction (décrets de la construction) et de contrôle des édifices (Code du bâtiment) pour faciliter la reconversion des églises, nommément en vue du recours aux artisans (ouvriers spécialisés des métiers traditionnels : bois, pierre, ferblanterie, etc.) qualifiés à cette fin.
- Que l'on encourage le partenariat entre les Églises et les acteurs de la conservation des biens d'Églises (les municipalités, par exemple) afin que ces derniers soient informés des intentions des Églises quant à la désaffectation possible des lieux de culte, et qu'ils soient ainsi en mesure d'établir une planification conséquente.
- Que l'on accorde davantage d'importance à l'établissement de plans stratégiques au vu de la désaffectation des lieux de culte (usages futurs, investissements requis à court, moyen et long termes).

- Que le recours à des professionnels compétents (architectes, ingénieurs, etc.) soit considéré comme l'une des conditions d'une conservation optimale à des coûts raisonnables.

## PATRIMOINE

- Que le ministère de la Culture et des Communications révise et complète la liste des églises classées ou reconnues comme monuments historiques en vertu de la Loi sur les biens culturels.

- Que les municipalités s'engagent à citer comme monuments historiques, en vertu de la Loi sur les biens culturels, les églises dignes d'intérêt situées sur leur territoire.

- Que le ministère de la Culture et des Communications offre aux municipalités l'aide technique et un cadre de référence réglementaire pour évaluer la valeur patrimoniale des églises situées sur leur territoire.

- Que la Fondation du patrimoine religieux considère également au titre de patrimoine religieux les églises « modernes », puisque la considération de bien culturel collectif ne devrait pas être liée à la date de construction du bâtiment.

- Que l'on précise et considère, advenant la reconversion d'un lieu de culte désaffecté, les ingrédients d'intérêt qui fondent sa valeur « patrimoniale ».

- Que l'on intègre davantage le patrimoine des églises à l'offre touristique culturelle du Québec.

## PARTENAIRES

- Que les villes-centres considèrent que les églises doivent être les moteurs d'une réhabilitation des quartiers centraux.

- Que, dans la mesure du possible, les églises demeurent des lieux de culte ; que leur conservation soit assurée par les communautés qui les animent, appuyées par des partenaires qui contribuent à la mise en valeur et à la conservation des bâtiments. En cette voie, on devrait envisager le tourisme comme l'un des ingrédients nécessaires de la reconnaissance et de la préservation des églises.

- Que l'on envisage comme possible qu'une église qui ne sert plus à un culte particulier puisse servir au culte d'une autre confession.

- Que, dans la mesure du possible, les églises désaffectées par le culte conservent leur vocation communautaire par-delà leur reconversion.

- Que la Fondation du patrimoine religieux du Québec élargisse son action pour assurer le transfert des églises désaffectées vers la société civile ; qu'elle développe et rende accessible à toutes les paroisses et à toutes les congrégations une expertise en cette matière (vente de bâtiments, projets de reconversion, recherche de partenaires, etc.).

Le colloque a démontré qu'il y a, sinon unanimité, du moins convergence, dans les points de vue exprimés. Il demeure cependant, et cela se comprend aisément, que des divergences d'opinion se manifestent, surtout lorsque se heurtent les points de vue des « propriétaires » d'un bien d'Église — si tant est qu'on puisse ainsi les appeler — et ceux des défenseurs des intérêts collectifs. Dès lors, si l'avenir de l'ensemble des églises dans les villes-centres peut s'énoncer, l'on sent bien que le futur de chacune d'elles suscitera des débats. Ce qui est en cause devant l'opinion se résume assez simplement : la désaffection — relativement récente au Québec — des lieux de culte a en quelque sorte « privatisé » ces bâtiments, les laissant à la charge d'un petit nombre. En même temps, le « vouloir monumental » des Québécois s'est développé, encadré par une quête identitaire qui interroge désormais le paysage à la recherche de lieux d'ancrage. Dans cette voie, le maire de Québec a vu juste : c'est en effet à cette « réappropriation » collective des biens patrimoniaux religieux que les municipalités devront accorder leur attention, en favorisant les concertations requises, en guidant aussi leur population à faire des sélections qui, à l'occasion, seront douloureuses. On ne peut en effet laisser un héritage aussi important sombrer, pièce par pièce, entre des points de vue souvent extrêmes qui opposent l'intérêt privé à l'intérêt collectif.

Par les temps qui courent, on le sait, les ressources — entendons par là les fonds publics — se font rares. Mais, comme l'a bien indiqué la ministre de la Culture et des Communication dans son allocution de clôture, l'État n'entend pas se soustraire à ses obligations. Et la tâche lui sera d'autant plus aisée si l'avenir des biens d'Église ne divise pas l'opinion sur la place publique. Et puis, à l'échelle régionale ou locale, qui, parmi nos élus, pourrait raisonnablement s'opposer à une prise en charge souhaitée et défendue par les citoyens ? Il y a bien ici et là, on le sent dans quelques sondages et autres expressions d'opinions, des positions radicales : une certaine clientèle qui a désaffecté l'Église prétend encore avoir des comptes à régler avec l'institution. À ceux-là il est de notre devoir de faire savoir que ce n'est pas de l'avenir de l'Église, ni des Églises de différentes dénominations dont il est question ici, mais bien de l'héritage culturel du Québec tout entier.

Nous savons tous que les fonds qui n'iront pas au patrimoine, pour un ensemble de bonnes raisons, iront ailleurs, de toute façon. L'État et les municipalités ne réduiront pas leur déficit ou n'effaceront pas leurs dettes en ne conservant pas les églises et les autres éléments du patrimoine religieux. Dès lors, pourquoi ne pas clamer bien haut que chaque dollar investi dans ces églises — qui sont nos châteaux — crée des emplois directs ; que nos églises tissent un réseau de musées au coût d'exploitation minime ; que ces monuments constituent l'essentiel du caractère distinct de notre paysage construit, tant rural qu'urbain ; que l'image identitaire collective qui est accolée à ces bâtiments les dispose on ne peut mieux à servir la collectivité sous différentes formes, encore bien longtemps. Pourquoi, par exemple, les tenants de la société civile devraient-ils se marier dans une sombre salle d'un palais de justice sans mémoire ou se priver de service funèbre décent, alors que nos villes sont peuplées de vastes halles conçues à ces fins ? En fait, hormis ses habitants, les églises sont les éléments les plus précieux de l'actif de la société québécoise ; plusieurs d'entre elles devraient continuer à ponctuer la vie collective en accueillant les cérémonies des rites de passage, aujourd'hui beaucoup plus culturels que cultuels, pour une majorité de Québécois.

Ce premier colloque international sur l'*Avenir des biens d'Église* sera suivi par d'autres rencontres du même type, ailleurs au pays ; de cela nous sommes déjà assurés. D'ici là, souhaitons que le premier bilan de ces échanges fructueux permette de consolider la « corvée des églises » qui est en cours au Québec et qui, prenant de l'ampleur au fil des ans, devrait voir « nos châteaux » se restaurer, se convertir, s'ouvrir aux visiteurs, bref, servir comme jamais, à la fois le quotidien et la mémoire des Québécois et de leurs hôtes.

# La Charrette sur l'*Avenir des biens d'Église*, Cinq projets pour cinq hauts lieux

Lucie K. Morisset
Professeure au Département des études urbaines et touristiques, UQAM
Chercheure au CÉLAT, Université Laval

Les 5 et 6 juin dernier, pendant que débattaient les quelque trois cents participants inscrits au Premier colloque international sur l'Avenir des biens d'Église, architectes, stagiaires et étudiants en architecture faisaient « charrette ». Sous la direction de l'architecte Vincent Gignac, coordonnateur, et dans l'église Notre-Dame-de-Grâce[1], cinq équipes se sont ainsi penchées sur le potentiel d'utilisation ou de réutilisation de cinq églises de Québec, dont la survie, dans le paysage urbain, repose sur la reconversion partielle ou totale de l'espace cultuel. En même temps, au même endroit, étudiantes et étudiants de l'École d'architecture de l'Université Laval, dirigés par le professeur Pierre Côté, se prêtaient à un concours de modélisation informatique de cette église Notre-Dame-de-Grâce. Ce sont les résultats de ces deux concours, la charrette et la modélisation, que nous présentons ici.

## Un univers de solutions à géométrie variable

Elles ne sont pas toutes désaffectées, mais toutes comptent parmi les joyaux du paysage construit de la ville, qu'elles s'y imposent par leur intérieur ou par leur extérieur. Le concours a dévoilé que ces églises — Notre-Dame-de-Grâce, Saint-Vincent-de-Paul, Saint-Cœur-de-Marie, Saint-Roch et la chapelle des franciscaines — comptent aussi parmi les leviers les plus importants de la vie culturelle des quartiers dont elles déterminent potentiellement l'animation. Cependant, situées dans des contextes urbains fort divers, éventuellement fréquentées par des clientèles différentes, et distinctes, de surcroît, par des expressions architecturales bien caractérisées, les cinq églises appellent à des imaginations variées. Les résultats de la charrette sont probants à cet égard : si revenir aujourd'hui sur ces églises permet souvent de corriger les erreurs urbanistiques du passé, leur présence actuelle dans le paysage, concret ou imaginaire, est le fait de solutions sans cesse réinventées. Autant de réponses que d'églises ont été soumises au concours.

Le jury d'experts était composé de Jacques Plante, architecte, de Jan Zwiejski, professeur à l'École d'architecture de l'Université Laval, et d'Alexis Ligougne, directeur de l'École d'architecture de l'Université Laval, qui présidait les débats. Tous trois ont été unanimes quant à la qualité des réflexions amorcées, notamment en ce qui concerne l'équilibre entre chacun des environnements sociaux, économiques et culturels, et les solutions programmatiques, urbaines et formelles déployées, par delà la seule conservation du patrimoine.

Aussi n'est-il guère surprenant que les deux projets jugés gagnants *ex æquo* diffèrent tellement l'un de l'autre. Ce sont : le projet de reconversion de l'église Notre-Dame-de-Grâce, présenté par l'équipe d'Anjou, Marquis, Pearl, Spahis et Langevin, ainsi que le projet de conservation de la chapelle des franciscaines, soumis par Affleck, Aubé, Julien et Clément. L'un en Haute-Ville, l'autre en Basse-Ville, l'un pour une chapelle (intérieur), l'autre pour l'église structurante d'un quartier, l'un concernant un espace ostentatoire, l'autre une église rationaliste, les deux projets se sont distingués par la logique claire et le réalisme de solutions misant sur cet arrimage entre l'église et l'espace urbain. « La conservation des églises dans les villes-centres », thème principal du colloque, y a découvert cette évidence : socialement, culturellement, formellement aussi, les églises et les quartiers centraux sont indissociables.

## Un patrimoine sur les chemins de l'avenir

Inspirée des solutions étasuniennes en la matière — aux États-Unis, plusieurs groupes ont recouru à de semblables procédés afin d'explorer le potentiel de reconversion des églises désaffectées — la charrette du Premier colloque international sur l'*Avenir des biens d'Église* bénéficia ici du travail de Vincent Gignac, président du Comité régional de l'Ordre des architectes, qui organisa l'activité. L'engagement des partenaires dans le projet — le ministère de la Culture et des Communications du Québec et la Ville de Québec parrainèrent l'activité, tandis qu'Hydro-Québec s'en fit le commanditaire officiel — témoigne à lui seul de l'engouement pour la cause et de la foi quant au succès et aux retombées d'une telle entreprise. La charrette / atelier visait plus spécifiquement deux objectifs : d'une part, il importait d'investiguer le rôle incontournable des églises, même à l'heure de leur désaffectation, quant à la revitalisation des quartiers centraux ; d'autre part, il s'agissait d'inciter les jeunes professionnelles et professionnels à investir ce champ de pratique en quête d'énergie et de solutions nouvelles. Il n'est nullement surprenant, en cette voie, que le colloque ait parallèlement conclu à la nécessité de l'expertise professionnelle quant au futur des églises ; réparer les perrons, rejointoyer les murs et refaire les toitures ne sont que solutions temporaires, à la veille d'un troisième millénaire qui appelle les solutions de l'avenir. Au regard des cinq églises déployées, cette fois-ci, sur les tables à dessin, il apparaît dans tous les cas qu'un lieu de culte peut devenir un lieu de culture ; qui aurait cru, il n'y a pas si longtemps, que la conservation du patrimoine, *a fortiori* des églises, pourrait être un champ d'innovation ?

## PREMIER PRIX *EX ÆQUO*
## PROJET POUR L'ANCIENNE CHAPELLE DES SŒURS FRANCISCAINES MISSIONNAIRES DE MARIE

*Gavin Affleck, architecte*
*Marie Aubé, architecte*
*Jean-François Julien, stagiaire*
*Guillaume Clément, étudiant*

Au lieu de miser sur la transformation de la matière, ce projet s'est distingué par l'ingéniosité de la programmation. Depuis la conversion de son monastère en résidence pour personnes âgées, la grande chapelle des franciscaines, en dépit de ses qualités architecturales, n'est plus qu'un espace résiduel ; ni la proximité d'édifices à bureaux, ni sa situation sur l'axe récréo-touristique de la Grande Allée ne pallient, en effet, les conditions de zonage défavorables à sa reconversion commerciale. Abordant le problème dans sa totalité, l'équipe a donc choisi de trouver, aux origines de l'ensemble architectural, les solutions quant à son avenir : inspiré de la dualité privé / public du cloître et de sa chapelle, le projet substitue à la résidence un hôtel (remplaçant un agrandissement récent de piètre qualité), de nature à alimenter la fréquentation de l'ancienne chapelle grâce à une salle de réception et à un restaurant. Optant en faveur de la mixité urbaine, un tel partenariat commercial, acceptable dans ce contexte d'hôtellerie (on interdit actuellement l'ouverture de nouveaux restaurants sur la Grande Allée) permet exceptionnellement d'envisager la préservation de l'espace cultuel en deçà de toute intervention sur sa forme architecturale — mieux encore, le projet met en valeur la « mémoire » conventuelle de l'ensemble claustral — ; une église peut donc revivre sans être bibliothèque ou musée, pour peu, certes, que l'urbanisme concède quelque assouplissement réglementaire à la préservation des monuments.

*Projet pour l'ancien ensemble conventuel des sœurs franciscaines missionnaires de Marie ; coupe sur la chapelle et élévation d'une façade donnant sur le cloître (photo Michel Bourassa, Centre de production multimédia, Université Laval).*

*L'ancienne chapelle des sœurs franciscaines missionnaires de Marie (1896-1899, Eugène-Étienne Taché et Berlinguet et LeMay, architectes) est désaffectée. Elle a été acquise (avec le monastère voisin) par la Ville de Québec en 1987 ; sa vocation future est toujours indéterminée (photo Michel Bourassa, Centre de production multimédia, Université Laval).*

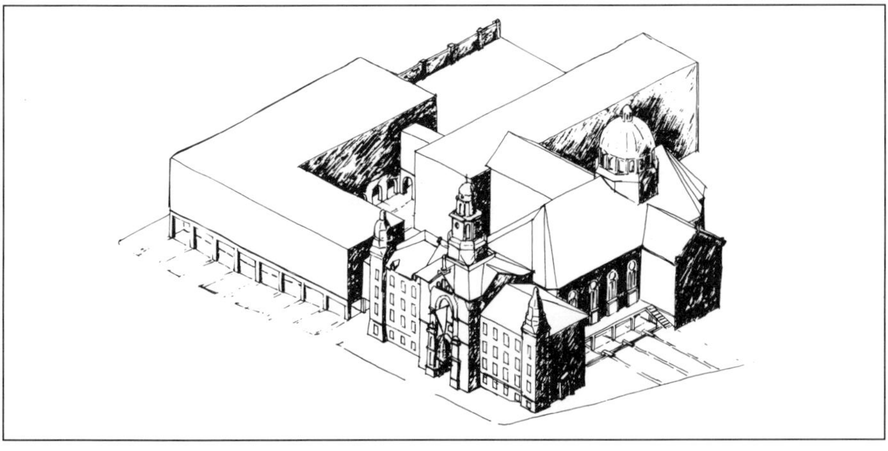

*Projet pour l'ancien ensemble conventuel des franciscaines missionnaires de Marie ; élévation principale, Grande Allée (photo Michel Bourassa, Centre de production multimédia, Université Laval).*

## PREMIER PRIX *EX ÆQUO*
## PROJET POUR L'ÉGLISE NOTRE-DAME-DE-GRÂCE

*Pierre d'Anjou, architecte*
*Pierre André Marquis, architecte*
*Daniel Pearl, architecte*
*Schohraya Spahis, stagiaire*
*Dany Langevin, stagiaire*

Tout en sagesse, paisible sans être passif, ce projet propose une reconversion de l'espace cultuel fondée sur deux prémisses : le contexte bâti et le contexte social, qui ont prescrit une œuvre de conservation empreinte de maturité, vouée à préserver la matière architecturale autant que le rôle culturel prééminent du lieu. Au cœur d'un quartier modeste semé de rues étroites et d'habitations ouvrières, les architectes et les stagiaires ont opté pour un travail programmatique à l'échelle du quartier : alliant design urbain, réutilisation pertinente de l'espace et préservation révérende de la forme, le projet fait de la nef et du sous-sol un « centre de travail et d'apprentissage artisanal » — remplaçant le perron, en fort mauvais état, par une petite place publique — tandis que le chœur, devenu garderie, s'ouvre sur un jardin (remplaçant la sacristie) adossé à la falaise ; ce serait le seul espace vert de ce secteur du quartier. Réaliste et pertinent, économiquement et spatialement plausible, selon les membres du jury, le projet « fait d'une pierre plusieurs coups » ; le sensible va-et-vient entre la symbolique et la fonction, l'approche systémique des concepteurs prouvent ici que le patrimoine peut véritablement ressortir à la collectivité. Sa vocation socioculturelle recyclée actualisant son expression architecturale, l'église (re)devient un monument, pôle de mémoire et d'animation dans la ville.

*Projet pour l'église Notre-Dame-de-Grâce ; coupe sur la nef (photo Michel Bourassa, Centre de production multimédia, Université Laval).*

*(page suivante) L'église Notre-Dame-de-Grâce, construite en 1925 (Jean-Thomas Nadeau et Gérard Morisset, architectes) dans le quartier Saint-Sauveur de la Basse-Ville de Québec : un bijou de l'histoire de l'architecture au Québec, sur le point d'être délaissé par le culte (photo Paul Laliberté, Centre de production multimédia, Université Laval).*

*(page suivante) Projet pour l'église Notre-Dame-de-Grâce ; maquette (photo Michel Bourassa, Centre de production multimédia, Université Laval).*

## Projet pour l'église Saint-Cœur-de-Marie

*Philippe Drolet, architecte*
*Claude Fugère, architecte*
*Isabelle Roy, architecte*
*Jean-François Alain, stagiaire*

Voilà un projet fort et novateur, défiant le préservationnisme qui prévaut en matière de conservation du patrimoine : misant sur ce clocher jugé déterminant quant à la valeur de l'église, l'équipe a opté en faveur d'une « architecture-chirurgie » — ce sont les mots du jury — faisant des murs de larges baies vitrées, toutes grandes ouvertes sur le secteur commercial de la Grande Allée et sur la tour de verre de La Laurentienne, voisine. L'espace intérieur, dûment aménagé, rejoint l'animation urbaine ; à des années-lumière des restaurations traditionnelles, Saint-Cœur-de-Marie fait un pas dans la contemporanéité. Au départ de l'hétérogénéité du paysage urbain, le projet profite de l'occasion de la charrette pour faire valoir qu'on peut fort bien préserver tout en créant un nouveau monument, où la forme architecturale elle-même pose les fondations d'un avenir prospère.

*Projet pour l'église Saint-Cœur-de-Marie ; perspective (photo Michel Bourassa, Centre de production multimédia, Université Laval).*

*(page suivante) L'église Saint-Cœur-de-Marie (1929, Arthur Régnault et Ludger Robitaille, architectes), sur la Grande Allée, non loin du Vieux-Québec, a été mise en vente cet hiver. Quoiqu'il ait depuis été décidé d'affecter une somme considérable à la consolidation de son clocher, perçu comme élément structurant de cet ancien quartier huppé de la Haute-Ville, nul ne sait encore à quelle fonction sera vouée l'église, par qui, et quand (photo Michel Bourassa, Centre de production multimédia, Université Laval).*

*(page suivante) Projet pour l'église Saint-Cœur-de-Marie ; coupe longitudinale (photo Michel Bourassa, Centre de production multimédia, Université Laval).*

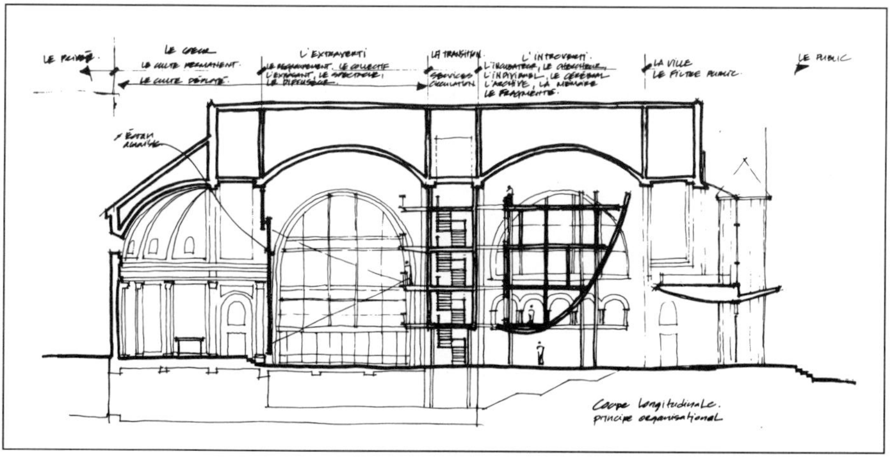
LE PRIVÉ
LE CULTE PERMANENT
LE CULTE DÉPLACÉ
L'EXTRAVERTI
LA TRANSITION
SERVICES
CIRCULATION
L'INTROVERTI
L'INDIVIDUEL, LE CÉRÉBRAL
L'ARCHIVE, LA MÉMOIRE
LE FRAGMENTÉ
LA VILLE
LE FILTRE PUBLIC
LE PUBLIC
Coupe longitudinale.
principe organisationnel

## PROJET POUR L'ÉGLISE SAINT-ROCH

*Louis-Daniel Brousseau, architecte*
*Vincent Gignac, architecte*
*Pierre Thibault, architecte*
*Alexandre Lévesque, étudiant*
*Philippe Richard, étudiant*

Pour ce monument Beaux-Arts délaissé, masqué par une rue couverte qui s'y arrime, défavorisé par un contexte urbain actuellement peu attrayant et de moins en moins fréquenté par sa clientèle appauvrie et vieillissante, la charrette a légué un véritable projet de restructuration urbaine, misant sur la recomposition du tissu urbain environnant (le découvrement de la partie limitrophe du mail centre-ville) pour révéler à nouveau l'église dans la ville, requalifiant le monument et, du coup, consolidant sa reconnaissance et sa fréquentation, qu'elle soit cultuelle ou culturelle. Selon toute apparence, comme c'est le cas ici, le travail sur le contexte est tout aussi important que le travail sur la forme ou sur le programme : en définitive, la désaffectation des églises offre aussi un nouvel avenir aux quartiers centraux.

*Au cœur de la Basse-Ville de Québec, l'église Saint-Roch, monument néo-médiéval issu de l'École des beaux-arts de Paris, a été construite en 1914 (Talbot et Dionne). Aujourd'hui intégrée au " mail centre-ville ", l'église, toujours lieu de culte, dessert la population d'une paroisse défavorisée, dont les habitants se raréfient (photo Michel Bourassa, Centre de production multimédia, Université Laval).*

*Projet pour l'église Saint-Roch ; maquette (photo Michel Bourassa, Centre de production multimédia, Université Laval).*

## Projet pour l'ancienne église Saint-Vincent-de-Paul

*Richard de la Riva, architecte*
*Sylvain Bilodeau, stagiaire*
*Dany Caron, étudiant*

Ce projet de reconversion de l'église Saint-Vincent-de-Paul travaille sur la restructuration de ce secteur qui, bien que partie de l'arrondissement historique, est surtout l'objet de circulations autoroutières. Site d'entrée de la colline parlementaire et du Vieux-Québec, l'ancienne église a de surcroît l'avantage stratégique de coiffer l'entrée d'un tunnel, amorcé dans la falaise, qui devait traverser Québec d'un autre lien autoroutier ; aussi l'équipe a-t-elle choisi d'y faire une « gare touristique » (notamment pour les autobus qui éviteront l'encombrement de la vieille ville), en même temps qu'une médiathèque et un « patro » rétabli « réinstituant » quelque vie dans ce secteur, agrémenté par un travail sur le sol urbain et sur l'élévation de la rue, aux côtés de l'ancienne église. « Une église réanimée, un quartier ressuscité », somme toute.

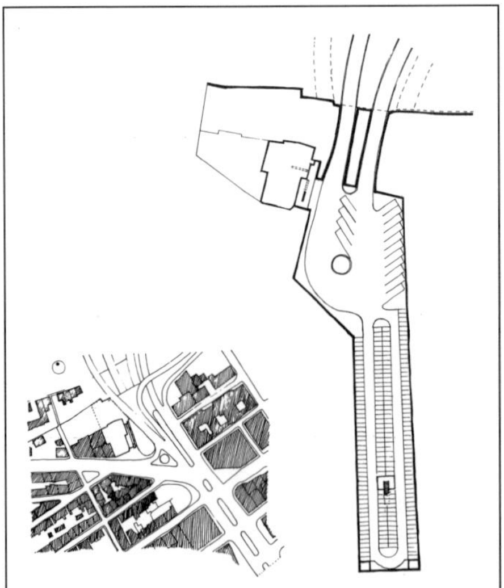

*Projet pour l'ancienne église Saint-Vincent-de-Paul ; implantation (photo Michel Bourassa, Centre de production multimédia, Université Laval).*

*(page suivante) L'ancienne église Saint-Vincent-de-Paul (1950, Lévesque et Venne, architectes), voisine du patronage du même nom, est à mi-chemin entre le Vieux-Québec et la Basse-Ville. Aujourd'hui longée par une autoroute inachevée (Dufferin-Montmorency), privée de sa clientèle par un vaste projet de rénovation urbaine qui détruisit la paroisse, l'église Saint-Vincent-de-Paul est désaffectée et offerte en vente depuis 1987 (photo Marc Robitaille, Centre de production multimédia, Université Laval).*

*(page suivante) Projet pour l'ancienne église Saint-Vincent-de-Paul ; élévation principale (photo Michel Bourassa, Centre de production multimédia, Université Laval).*

SAINT VINCENT DE PAUL

# Le concours de modélisation de l'église Notre-Dame-de-Grâce de Québec

Lucie K. Morisset
Professeure au Département des études urbaines et touristiques, UQAM
Chercheure au CÉLAT, Université Laval

Pendant trois jours, cinq étudiantes et étudiants de l'École d'architecture de l'Université Laval se sont dédiés à une mission : modéliser l'église Notre-Dame-de-Grâce, transformée pour l'occasion en un atelier de conception et de création assistées par ordinateur. L'objectif ultime de l'exercice était, bien entendu, de créer une maquette informatique permettant d'explorer l'espace architectural de l'église, construite en 1925 et sur le point d'être désaffectée ; il s'agissait donc de produire un outil de travail fondant les éventuelles spéculations de reconversion, mais surtout de créer un puissant outil de communication étayant la diffusion et la reconnaissance de cet insigne monument de l'architecture au Québec. Le concours de modélisation ne s'arrêtait donc pas à la production d'un objet informatique, fusse-t-il tridimensionnel et animé ; étudiantes et étudiants devaient aussi projeter son implantation sur le *world wide web*, transcendant les frontières pour faire connaître, partout au monde, les qualités et l'intérêt du monument.

Le jury du concours était présidé par Takashi Nakajima, doyen de la Faculté d'aménagement, d'architecture et des arts visuels de l'Université Laval ; étaient aussi membres du jury Louis-Daniel Brousseau, architecte au Centre de développement économique et urbain de la Ville de Québec, ainsi que Pierre Côté, professeur à l'École d'architecture et coordonateur de l'événement, qui forma d'ailleurs une cohorte d'étudiants pour l'occasion. Les deux équipes présentèrent leurs travaux le 7 juin, toujours en l'église Notre-Dame-de-Grâce : magnifiques, les modélisations ont toutes deux gagné l'acclamation du jury. L'œuvre lauréate, celle de l'équipe Le Hoang Khanh, Anne-Marie Ouellette et Mathieu Paradis, fut dûment primée en vertu de ses qualités graphiques (modélisation et présentation) et de ses qualités techniques (informatique) : ses auteurs ont mérité un emploi d'été, afin de continuer de modéliser ainsi les églises désaffectées ou menacées de la capitale.

L'équipe de Geneviève Giguère et d'Éric Longchamp reçut une mention pour le travail accompli. Leur modélisation, puissamment inspirée par le rationalisme de l'édifice, fut entreprise telle une œuvre de vérité : des détails savamment analysés

*Le jury évaluant les résultats du concours de modélisation de l'église Notre-Dame-de-Grâce à Québec, le 7 juin 1997 ; après avoir observé sur écran géant les présentations proposées, et évalué l'intégration des techniques Web 3D (QuickDraw, VRML, QuickTime VR), on scrute la structure des fichiers informatiques et mesure l'utilisation des logiciels prescrit (form•Z, Netscape) (photo Gérard Roger, École d'architecture, Université Laval).*

— ceux-là même qui distinguent le monument-église — et l'étude méticuleuse de la lumière signent l'image de marque de leur présentation.

La principale difficulté du concours, au premier abord, était évidemment de concilier la qualité des rendus (coloration et luminosité, précision graphique) et la rapidité de lecture des fichiers, nécessaire à une présentation utile, *via* internet, nommément. Mais l'exercice, de surcroît, en devint un de culture architecturale : attachés à présenter non seulement l'objet, mais aussi la pensée de ses concepteurs telle qu'elle s'y matérialisait, les participants, sans doute imprégnés de cet espace qu'ils habitaient pour l'occasion, ont de loin transcendé la simple copie de l'existant. C'est d'ailleurs en cette voie que l'équipe gagnante s'est distinguée : sa modélisation, témoignant d'un sens artistique hors du commun, est à l'intersection de l'objectivité et de l'ambiance. Tel que l'a proposé le jury, c'est cet équilibre entre l'évocation et la représentation, entre le réalisme des images et la compréhension de l'espace, qui a suscité l'émerveillement des spectateurs : les étudiants, ici, ont en effet misé sur l'intérêt didactique de la modélisation dans un travail qui, au lieu de simplement « présenter », se voue à faire découvrir. Aux limites de

*Modélisation proposée par l'équipe Le Hoang Khanh, Anne-Marie Ouellette et Mathieu Paradis (premier prix au concours).*

la technique, la nouvelle réalité architecturale a séduit et prouvé, une fois pour toutes, que la virtuosité ne naît pas du pinceau (ou de l'ordinateur), mais bien du virtuose qui le manipule. Dans un espace parallèle, Notre-Dame-de-Grâce existe ainsi désormais, fruit des efforts conjoints, quoique diachroniques, de ses créateurs.

Grâce au parrainage du ministère de la Culture et des Communications du Québec et de la Ville de Québec, grâce aussi à l'appui d'Hydro-Québec, commanditaire officiel de l'activité, l'église Notre-Dame-de-Grâce n'est en tout cas plus menacée de sombrer dans l'oubli. Et Québec, grâce à son École d'architecture, est devenue la première *ville du patrimoine mondial* à mettre en valeur de la sorte son patrimoine architectural religieux : voilà bien une solution novatrice pour un nouveau problème. L'avenir (meilleur) des biens d'Église est à nos portes : tous peuvent en avoir un aperçu au http://www.arc.ulaval.ca/ecole/eglise.

*Modélisation proposée par l'équipe Le Hoang Khanh, Anne-Marie Ouellette et Mathieu Paradis (premier prix au concours).*

## Note

1 Voir, à ce sujet : Noppen, Luc, et Lucie K. Morisset (1997), « Monument en péril : l'église Notre-Dame-de-Grâce, Québec », ARQ, *La Revue d'architeture*, 97, juin, p. 20-22.

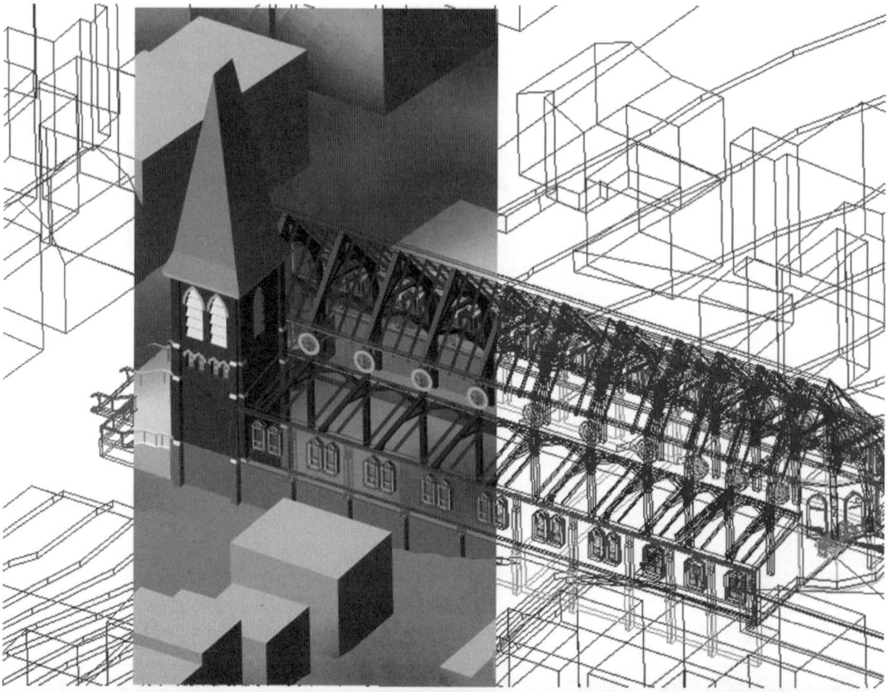

*Modélisation proposée par l'équipe Geneviève Giguère et Éric Longchamp (récipiendaire d'une mention).*

# Sommaire

COMPOSÉ EN GOUDY ET EN FUTURA
CET OUVRAGE, PRÉIMPRIMÉ DANS LES ATELIERS COMPÉLEC,
À QUÉBEC,
A ÉTÉ ACHEVÉ D'IMPRIMER
EN OCTOBRE 1997
SUR LES PRESSES DE LA RENAISSANCE,
À SAINTE-FOY
POUR LE COMPTE DE GASTON DESCHÊNES
ÉDITEUR À L'ENSEIGNE DU SEPTENTRION